你的努力，是为了不辜负自己

请不要假装很努力，
因为结果不会陪你演戏

连山 / 编著

吉林出版集团股份有限公司

图书在版编目（CIP）数据

请不要假装很努力，因为结果不会陪你演戏 / 连山
编著 . —— 长春：吉林出版集团股份有限公司 , 2018.11
ISBN 978-7-5581-5924-4

Ⅰ . ①请… Ⅱ . ①连… Ⅲ . ①成功心理 – 通俗读物
Ⅳ . ① B848.4–49

中国版本图书馆 CIP 数据核字（2018）第 248440 号

QING BUYAO JIAZHUANG HEN NULI ,YINWEI JIEGUO BU HUI PEI NI YANXI
请不要假装很努力，因为结果不会陪你演戏

编　　著：连　山
出版策划：孙　昶
项目统筹：孔庆梅
责任编辑：刘　洋
装帧设计：韩立强
插图绘制：郑韶丹
出　　版：吉林出版集团股份有限公司
　　　　　（长春市人民大街 4646 号，邮政编码：130021）
发　　行：吉林出版集团译文图书经营有限公司
　　　　　（http://shop34896900.taobao.com）
电　　话：总编办 0431-85656961　营销部 0431-85671728 / 85671730
印　　刷：天津海德伟业印务有限公司
开　　本：880mm×1230mm　　1 /32
印　　张：8
字　　数：165 千字
版　　次：2018 年 11 月第 1 版
印　　次：2018 年 11 月第 1 次印刷
书　　号：ISBN 978-7-5581-5924-4
定　　价：38.00 元

印装错误请与承印厂联系　　电话：022-82638777

　　我们都曾有梦想，都希望找到喜欢的生活状态，但是，时间长了，有些人就忘记了曾经的万丈豪情，忘记了曾经许下的诺言。不知道有多少人被眼前的困难吓得连连后退，有多少人躲在安逸的生活里不愿探头，有多少人藏在时光的角落里窥探他人的成功而悔恨。在忙忙碌碌的生活里，在逼仄的格子间里，很多人让迷茫代替了坚定，理想变成了无助，笑容扭成了愁容。叫嚷着命运不公，抱怨、吐槽成了这些人生活的一部分，甚至有的人已经随波逐流，过着低配的人生。

　　我们常说，生活会给予我们想要的一切，但许多人憧憬的美好状态，不是说一说或是做一个美梦就可以实现的，它需要我们比别人多努力百倍、多付出百倍，甚至是多折磨百倍，才可能拥有。如果没有跨急流攀险峰的胆魄，没有全力以赴抵达理想彼岸的决心，遇到荆棘和坎坷就轻易退却，遭受泥泞和伤痛就选择放弃，那么无论我们再怎么憧憬诗和远方，生活本身依然会是一潭死水。过好这一生，你需要智慧，更需要勇气。有勇气去努力和拼搏，才会让你放弃眼前的苟且，穿越更多的丛林，见识更多的风景，经历美好的岁月。

努力，是为了不辜负曾经那些五光十色的梦想；拼搏，是为了以更快的速度接近我们心中的目标；奔跑，是为了提醒自己前方的路途还很漫长。跌倒了爬起来就好，受伤了休息后再出发。现在流的汗水，是为了证明我们没有空耗生命。现在那么拼命努力，是为了十年后，乃至年老时，不因虚度时光而追悔莫及。

生活从来不会辜负每一个人的努力。从来到这个世界上开始，我们就在与命运做斗争，慢慢地你会发现，当你越努力时，就会变得越幸运。所谓的挫折、失败、苦难并不可怕，可怕的是不敢面对。所有命运给予你的伤痛，终将会成为你人生的垫脚石，是别人无法复制、独属于自己的人生勋章。在奋斗的道路上，荆棘丛生，被伤害、被委屈都是必然，如果就此放弃，将一事无成。要知道，每一座历尽艰难爬上的山峰都是到达更高山峰的起点。它们不是拦路虎，而是过路桥；它们不是命运给你设下的坎，而是赐予你的机会——遭遇坎坷，大部分人会退缩，而你继续前行，等着你的将会是更大的收获。

你的努力，是为了不辜负自己；你的努力，终将成就无可替代的自己。

目录 CONTENTS

▲ 第六章 会选择，才有未来
——往事不回头，未来不将就

第一章 没有梦想，何必远方

——你的努力，是为了不辜负自己

没有梦想，何必远方

当一个人明白他想要什么并且坚持自己的理想时，那么整个世界都将为他让路。

他生长在一个普通的农民家庭。家里很穷，他很小就跟着父亲下地种田。在田间休息的时候，他望着远处出神。父亲问他在想什么？他说，将来长大了，不要种田，也不要上班，每天待在家里，等人给他寄钱。

父亲听了，笑着说："荒唐，你别做梦了！我保证不会有人给你寄。"

后来他上学了。有一天，他从课本上知道了埃及金字塔的故事，就对父亲说："长大了我要去埃及看金字塔。"父亲生气地拍了一下他的头说："真荒唐！你别总做梦了，我保证你去不了。"

十几年后，少年长成了青年，考上了大学，毕业后当了作家，每年都出几本书。他每天坐在家里写作，出版社、报社给他往家里邮钱，他用邮来的钱到埃及旅行。他站在金字塔下，抬头仰望，想起小时候爸爸说的话，心里默默地对父亲说："爸爸，人生没有什么能被保证！"

他，就是台湾最受欢迎的散文家林清玄。那些在他父亲看来十分荒唐、不可能实现的梦想，在十几年后都被他变成了现实。

为了实现这个梦想，他十几年如一日，每天早晨4点就起床看书、写作，每天坚持写3000字，一年就是100多万字。靠坚持不懈的奋斗，他终于实现了自己的梦想。

如果轻易放弃，梦想就只能是梦想；只有坚持到底，梦想才不仅仅是梦想。只有无论如何都不放弃梦想的人，才有可能让美梦成真。许多人之所以不能实现梦想，并不是因为梦想太高，而是太容易就放弃。

一位小学教师给他的学生布置了一个作业：写一篇作文，题目是《我的梦想》。

其中有一个小男孩，洋洋洒洒写了9张纸，描述他的伟大梦想。他想拥有一座属于自己的牧马农场，并且仔细地画了一张200亩农场的设计图，上面认真地标有马厩、跑道等的位置，然后在这一大片农场中央，还要建一栋占地4000平方英尺的豪宅。

他花了很多心思才把这篇文章作出来，第二天交给了老师。然而，三天后当他拿回作文翻开一看：第一页上打了一个又红又大的叉，旁边还有一行字："下课后来见我。"

小男孩下课后带着作文去见老师："老师，为什么我的作文是不及格的？"

老师回答道："你年纪虽然

小，但也不要老做白日梦。你们家里没有钱，也没有雄厚的家庭背景，什么都没有。盖农场是需要花很多钱的大工程，你要花钱买地，花钱买纯种马匹，花钱照顾它们，所以你的梦想是不可能实现的。因此，我建议你再写一个比较不离谱的梦想，我会重新给你分数的。"

这个男孩回到家后征询父亲的意见。父亲只是告诉他："儿子，这个决定对你来说非常重要，你必须自己拿主意。"

于是这个小男孩再三考虑后，决定将原稿交回，一个字都不改。他告诉老师："即使是不及格，我也不放弃梦想。"

几十年后，当老师到小男孩的牧场做客的时候，他才知道小男孩没有放弃自己的梦想是对的。

有位哲人说："世界上一切的成功、一切的财富都始于一个意念！始于我们心中的梦想！"也就是说，成功其实很简单：你先有一个梦想，然后努力实现自己的梦想，不管别人说什么，都不放弃。

人生有主见，青春不迷茫

比塞尔是西撒哈拉沙漠中的一颗明珠，每年都会有数以万计的旅游者来到这儿。可是在肯·莱文发现它之前，这里还是一个

请不要假装很努力，因为结果不会陪你演戏

封闭落后的地方。这儿的人没有一个走出过大漠，据说，不是他们不愿离开这块贫瘠的土地，而是尝试过很多次都没能走出去。

肯·莱文当然不相信这种说法。他用手语向这儿的人问原因，结果每个人的回答都一样：从这儿无论向哪个方向走，最后还是转回到出发的地方。为了证实这种说法，他做了一次试验，从比塞尔村向北走，结果三天半就走了出来。

比塞尔人为什么走不出来呢？肯·莱文非常纳闷，最后只得雇一个比塞尔人，让他带路，看看到底是怎么回事？他们带了半个月的水，牵了两匹骆驼，肯·莱文收起指南针等现代设备，只拄一根木棍跟在后面。

十天过去了，他们走了大约800英里的路程，第十一天早晨，果然又回到了比塞尔。

这一次，肯·莱文终于明白了，比塞尔人之所以走不出大漠，是因为他们根本就不认识北斗七星。在一望无际的沙漠里，一个人如果凭着感觉往前走，他会走出许多大小不一的圆圈，最后的足迹十有八九是一把卷尺的形状。比塞尔村处在浩瀚的沙漠中间，方圆上千公里没有一点参照物，若不认识北斗七星又没有指南针，想走出沙漠，确实是不可能的。

肯·莱文在离开比塞尔时，带了一位叫阿古特尔的青年，就是上次和他合作的人。他告诉这位青年，只要你白天休息，夜晚朝着北面那颗星星走，就能走出沙漠。阿古特尔照着去做了，三天之后果然来到了大漠的边缘。阿古特尔因此成为比塞尔的开拓者，他的铜像被竖在小城的中央。铜像的底座上刻着一行字：新生活是从选定方向开始的。

新生活是从选定方向开始的，人生也同样如此。人生自然有自我存在的价值，选择一个目标，就等于明确了人生的方向，这样才不致迷失。

一个人如果没有自己的人生观，没有人生的方向，没有确定自己活着究竟要做一个什么样的人、做什么事，只是跟着环境在转，这就犯了庄子所说的"所存于己者未定"的毛病，那将是人生最悲哀的事。

请不要假装很努力，因为结果不会陪你演戏

一个辉煌的人生在很大程度上取决于人生的方向，个人的幸福生活也离不开方向的指引。确立人生的方向是人一生中最值得认真去做的事情。你不仅需要自我反省、向人请教"我是什么样的人"，还需要很清楚地知道"我究竟需要什么"，包括想成就什么样的事业、结交什么样的朋友、培养和保留什么样的兴趣爱好、过一种什么样的生活。这些选择虽是相对独立的，但却是在一个系统内，是呼应的，从而共同形成人生的方向。

摩西奶奶是美国弗吉尼亚州的一位农妇，76岁时因关节炎放弃农活，这时她给了自己一个新的人生方向，开始学习她梦寐以求的绘画。80岁时，她到纽约举办画展，引起了意外的轰动。她活了101岁，一生留下绘画作品600余幅，在生命的最后一年还画了40多幅。

不仅如此，摩西奶奶的行动也影响到了日本大作家渡边淳一。渡边淳一从小就喜欢文学，可是大学毕业后，他一直在一家医院里工作，这让他感到很别扭。马上就30岁了，他不知该不该放弃那份令人讨厌却收入稳定的工作，转而从事自己喜欢的写作。于是他给耳闻已久的摩西奶奶写了一封信，希望得到她的指点。摩西奶奶当即给他寄了一张明信片，上面写了这么一句话："做你喜欢做的事，上帝会高兴地帮你打开成功之门，哪怕你现在已经80岁了。"

人生是一段旅程，方向很重要。只有掌握了自己人生的方向，每个人才可以最大化地实现自己的价值。

找到人生方向的人是快乐的，他们的生活与他们所向往的人生方向是相一致的，这样的生活也让他们的生命更加有意义。

起点低不要紧，有想法就有地位

　　不可否认，由于出生背景、受教育程度等各方面因素，每个人的起点难免有高低之分，但是起点高的人不一定能将高起点当作平台，走向更高的位置。起点低也不要紧，心界决定一个人的世界，有想法才有地位。二十几岁的年轻人首先要渴望成功，才会有成功的机会。

　　《庄子》开篇的文章是"小大之辩"。说北方有大海，海中有一条叫作鲲的大鱼，宽几千里，没有人知道它有多长。又有一只鸟，叫作鹏。它的背像泰山，翅膀像天边的云，飞起来，乘风直上九万里的高空，超绝云气，背负青天，飞往南海。蝉和斑鸠讥笑说："我们愿意飞的时候就飞，碰到松树、檀树就停在上边；有时力气不够，飞不到树上，就落在地上，何必要高飞九万里，又何必飞到那遥远的南海呢？"

　　那些心中有着远大理想的人往往不能为常人所理解，就像目光短浅的麻雀无法理解鸿鹄之志，更无法想象大鹏鸟靠什么飞往遥远的南海。因而，像大鹏鸟这样的人必定要比常人忍受更多的艰难曲折，忍受更多的心灵上的寂寞与孤独。他们要更加坚强，并把这种坚强融入到自己的远大志向中去，这就铸成了坚强的信念。这些信念熔铸而成的理想将带给他们一颗伟大的心灵，而成功者正脱胎于这种伟大的心灵。尤其是起点低的人，更需要一颗渴望成功的进取心。

"打工皇后"吴士宏是第一个成为跨国信息产业公司中国区总经理，也是唯一一个取得如此业绩的女性，她的传奇也在于她的起点之低——只有初中文凭和成人高考英语大专文凭。而她成功的秘诀就是"没有一点雄心壮志的人，是肯定成不了什么大事的"。

吴士宏年轻时命途多舛，曾一度患过白血病，战胜病魔后她更加珍惜宝贵的生命。她仅仅凭着一台收音机，花了一年半时间就学完了许国璋英语三年的课程，并且在自学的高考英语专科毕业前夕，她以对事业的无比热情和非凡的勇气通过外企服务公司成功应聘到 IBM（国际商业机器公司）公司，而在此前外企服务公司向 IBM 推荐的好多人都没有被聘用。她的信念就是："绝不允许别人把我拦在任何门外！"

最开始在 IBM 工作的日子里，吴士宏扮演的是一个小角色，沏茶倒水，打扫卫生，完全是体力劳作。在那样一个纯高科技的工作环境中，由于学历低，她经常被无理非难。吴士宏暗暗发誓："这种日子不会太久的，绝不允许别人把我拦在任何门外。"后来，吴士宏又对自己说："有朝一日，我要有能力去管理公司里的任何人。"为此，她每天比别人多花 6 个小时用于工作和学习。经过艰辛的努力，吴士宏成为同一批聘用者中第一个做业务代表的人。继而，她又成为第一批本土经理，第一个 IBM 华南区的总经理。

在人才济济的 IBM，吴士宏算得上是起点最低的员工了，但她十分"敢"想，想要"管理别人"。而一个人一旦拥有进取心，即使是最微弱的进取心，也会像一颗种子，经过悉心培育，它就会茁壮成长，开花结果。

我们应该承认，教育是促使人获得成功的捷径。但吴士宏只有初中文凭和成人高考英语大专文凭，却依然取得了成功。我们这里所指的教育是传统意义上的学校教育，你不妨就把它通俗而简单地理解为文凭。一纸文凭好比一块最有力的敲门砖，可能会有很多人质疑这一点，但是如果你知道人事部经理怎样处理堆积成山的简历，你就会后悔当初没有上名牌大学了。他们会首先从学校中筛选，如果名牌大学应征者的其他条件都符合，他就不会再翻看其他的简历了。

但是，名牌大学就只有那么几所，独木桥实在难以通过。很多人在这一点上落后了不少，于是在真正踏上社会，走入职场时，就会有起点差异。不过值得庆幸的是，很多成功者都是从低起点开始做起的，他们之所以能在落后于人的情况下后来者居上，有进取心是不可缺少的一条。

上帝在所有生灵的耳边低语："努力向前。"如果你发现自己在拒绝这种来自内心的召唤、这种催你奋进的声音，那可要引起注意了。当这个来自内心、催你上进的声音回响在你耳边时，你要注意聆听它，它是你最好的朋友，将指引你走向光明和快乐，将指引你到达成功的彼岸。

踩着别人的脚印，永远找不到自己的方向

聪明的人不喜欢单纯地模仿别人，他们总是会发现新的机遇和领域，并抢先占领这一领域。这个世界上充满了形形色色的追随者和模仿者，他们总是喜欢依照他人的足迹行走，沿着他人的思路思考。他们认为，走别人走过的路可让自己省心省力，是走向成功、创造卓越人生的一条捷径。岂不知，"模仿乃是死，创造才是生"。

对任何人来说，模仿都是极愚拙的事，它是成功的劲敌。它会使你的心灵枯竭，没有动力；它会阻碍你取得成功，干扰你进一步地发展，拉大你与成功的距离。

效仿他人的人，不论他所模仿的人多么伟大，他也绝不会成功。没有一个人能依靠模仿他人去成就伟大的事业。所以，二十几岁的年轻人要想成功就要找准自己的方向，找到自己的目标，不能走别人走过的路。

有一位雄心勃勃的商人，听说外地招商引资，就"顺应潮流"到该地投资了上千万。两年之后，他把所有的钱都亏掉了，最后空手而归。

　　朋友问他："你当初为什么要到那里去投资？"他说："那时候，很多同行都争先恐后地去了，大家都认为那里的投资条件优越，大有发展前途。如果不去的话，我担心会失去发展的机会。"

　　例子里的商人陷入了一个怪圈：别人都去做了，我必须赶快跟上。有这样一种说法，同样的一条新路，第一个走的是天才，第二个走的是庸才，第三个走的是蠢材。从中可见跟随者的悲哀。

　　成功只青睐主动寻找它的人。聪明的人都不随大流，眼光独到，另辟蹊径，在别人还"没睡醒"之前早已把赚来的钱塞进自己的口袋里了。

　　100多年前，一位犹太人李威·斯达斯随着淘金人流来到美

请不要假装很努力，因为结果不会陪你演戏

国加州。他看见这里的淘金者人如潮涌，就想靠做生意赚这些淘金者的钱。他开了间专营淘金用品的杂货店，经营镢头、做帐篷用的帆布等。

一天，有位顾客对他说："我们淘金者每天不停地挖，裤子破损特别快，如果有一种结实耐磨的布料做成的裤子，一定会很受欢迎的。"

李威抓住顾客的这一需求，把他做帐篷的帆布加工成短裤出售，果然畅销，采购者蜂拥而来，李威靠此发了笔大财。

首战告捷，李威马不停蹄，继续研制。他细心观察矿工的生活和工作特点，千方百计地改进和提高产品质量，设法满足消费者的需求。考虑到帮助矿工防止蚊虫叮咬，他将短裤改为长裤；又为了使裤袋不致在矿工把样品放进去时裂开，他特意将裤子臀部的口袋由缝制改为用金属钉钉牢；又在裤子的不同部位多加了两个口袋。这些点子都是在仔细观察淘金者的劳动和需求的过程中不断地捕捉到并加以实施的，这些改进使产品日益受到淘金者的欢迎，销路日广。

李威还利用各种媒介大力宣传牛仔裤的美观、舒适，是最佳装束，甚至把它说成是一种牛仔裤文化。这些铺天盖地的宣传，把牛仔裤"庸俗""下流"的斥责打得大败而逃。于是，牛仔裤在社会上层也牢牢地站稳了脚跟，最终风靡全球。

走别人走过的路，将会迷失自己的方向，李威之所以能取得成功，就是因为他开拓了一条属于自己的路。

不论是工作上还是生活中，有不少年轻人都太习惯于走别人走过的路，他们偏执地认为走大多数人走过的路不会错；但是，他们却往往忽略了最重要的事实，那就是，走别人没有走过的路往往更容易成功。

走别人没走过的路，虽然意味着你必须面对别人不曾面对的艰难险阻，吃别人没吃过的苦，但也唯有如此，你才能发现别人未曾发现的东西，到达别人无法企及的高度。

年轻人要知道，成功者之所以会取得惊人的成绩，正是由于他们不满足于走别人走过的路，想别人没想到的东西，也正是这一思路支持着他们一路走来，让自己跨越障碍直至成功。

只有了解自己需求的人，才能拥有真正的生活

人之一生，背负的东西太多太多，钱、权、名、利，都是我们想要的，一个也不想放下，压得我们喘不过气来。一生中我们拥有的内容太多太乱，我们的心思太复杂，我们的负荷太沉重，我们的烦恼太无尽，诱惑我们的事物太多，大大地妨碍我们，无形而深刻地损害我们。生命如舟，载不动太多的欲望，怎样才能使之在抵达彼岸时不在中途搁浅或沉没？我们该选择放下，丢掉一些不必要的包袱，那样我们的旅程也许会多一些从容与安康。

明白自己真正想要的东西是什么，并为之而奋斗，如此才不枉费这仅有一次的人生。英国哲学家伯兰特·罗素说过，动物只要吃得饱，不生病，便会觉得快乐了。人也该如此，但大多数人并不是这样。很多人忙碌于追逐事业上的成功而无暇顾及自己的生活。他们在永不停息的奔忙中忘记了生活的真正目的，忘记了什么是自己真正想要的。这样的人只会看到生活的烦琐与牵绊，而看不到生活的简单和快乐。

我们的人生要有所收获，就不能让诱惑自己的东西太多，不能让努力的方向过于分散。我们要简化自己的人生，要学会有所放弃，要学习经常否定自己，把自己生活中和内心里的一些东西断然放弃掉。

仔细想想你的生活中有哪些诱惑因素,是什么一直干扰着你,让你的心灵不能安宁？又是什么让你坚持得太累？是什么在阻止着你的快乐？把这些让你不快乐的包袱通通扔掉。只有放弃我们人生田地和花园里的这些杂草害虫,我们才有机会同真正有益于自己的人和事亲近,才会获得适合自己的东西。我们才能在人生的土地上播下良种,致力于有价值的耕种,最终收获丰硕的粮食,在人生的花园采摘到美丽的花朵。

　　所以,仔细想想你在生活中真正想要什么？认真检查一下自己肩上的背负,看看有多少是我们实际上并不需要的,这个问题看起来很简单,但是意义深刻,它对成功目标的制定至关重要。

　　要得到生活中想要的一切,当然要靠努力和行动。但是,在开始行动之前,一定要搞清楚,什么才是自己真正想要的。要打发时间并不难,随便找点儿什么活动就可以应付,但是,如果这些活动的意义不是你的本意,那你的生活就失去了真正的意义。你能否提高自己的生活品质,并且使自己满足、有所成就,完全看你能否知道自己真正需要什么,然后能不能尽量满足这些需要。

　　生活中最困难的一个过程就是要搞清楚我们自己究竟想要什么。大多数人都不知道自己真正想要什么,因为我们不曾花时间来思考这个问题。面对五光十色的世界和各种各样的选择我们不知所措,所以我们会不假思索地接受别人的期望来定义个人的需要和成功,社会标准变得比我们自己特有的需求还要重要。

　　　　　　　请不要假装很努力,因为结果不会陪你演戏

我们总是太在意别人的看法，以致我们下意识地接受了别人强加于我们的种种动机，结果，努力过后才发现自己的需求一样都没能满足。更复杂的是，不仅别人的意见影响着我们的欲望，我们自己的欲望本身也是变化莫测的。它们因为潜在的需要而形成，又因为不可知的力量日新月异。我们经常会得到过去十分想要的，而现在却不再需要的东西。

如果有什么原因使我们总是得不到自己想要得到的东西的话，那就是你并不清楚自己到底想要什么。在你决定自己想要什么、需要什么之前，不要轻易下结论，一定要先做一番心灵探索，真正地了解自己，把握自己的目标。只有这样，你才能在生活中满意地前进。

活出你自己的样子：年轻，就是用来折腾的

潘杰客，一个有着传奇经历的成功男人，他的成功值得我们借鉴。

想当初，潘杰客的祖父和父亲都是著名的科学家，而他大学毕业后却在北京一个小小的施工队做预算员。不过 4 年后，他已经是国家建设部最年轻的中层领导。1988 年，近 30 岁的潘杰客来到美国，一切从送外卖、住地下室开始，6 年后，他被哈佛、剑桥、耶鲁三所大学的管理学院同时录取，1997 年在哈佛完成学业后，前往欧洲，在上千名应聘者中，成为唯一被录用的德国奥迪汽车公司的高级经理，后来作为奥迪中国大区首席顾问回到中国，成功运作了奥迪 A6 在中国的上市。就在这能够让所有人艳羡的时候，他辞去了奥迪终身雇员的职务，加盟凤凰卫视，成为一个财经节目的主持人。而现在，他组建了自己的团队——泛华传播，致力于打造一档"国际的、最知名的、成功人士的、在中国有影响的脱口秀节目"。

上面所说已足以让人瞠目结舌，其实这还只是他跨国人生的一小部分。用他的自己的话说就是——除了"变化"没有什么是永恒的。

但事实上，潘杰客真正吸引人的地方也许并不在于他的成功，而在于他的"失败"。

潘杰客在他耶鲁大学入学论文的开篇写道"人生舞台上的表演层出不穷、跌宕起伏，它们可以是喜剧、悲剧、哑剧、歌剧、音乐剧、交响乐，不一而足。而我们在生命的不同时期却以不同的角色出现——主角、配角、编剧、导演、灯光师，甚至观众"。

人生如戏，潘杰客为自己编写并导演了一出最跌宕起伏的大剧。

"人是不能低头的，一旦低头，就再也不可能骄傲了。因为一个行动养成一个习惯，低头一次，就会有第二次、第三次……"

"很多人问我，在最困难的关头，是什么力量支撑着我不倒下，挺过去，我的答案是：'心灵的骄傲。'在那种关键的时候，我不可能去考虑成功之后的鲜花与欢呼或失败者所将遭遇的冷遇和失落。我所想的是，我这个生命是否值得再为自己做下去？我通常会问自己：你能否超越自己？超越了就是成功——不是事情上的成功，而是心理上的成功。人在那种时刻，暴露出来的都是人性的弱点。我就是要战胜这种弱点。因为我追求的是心灵的纯粹和强大，一种心灵上的超我。"

"内心必须有一种渴求，你可以改变自己，还可以通过自己去改变别人，这个社会、这个世界就会因此而改变。要在最广泛的范围去影响他人，把社会向更合理的方向推进，这种合理应该为大多数人带来福利。这是个良好的愿望，为了这个愿望，要去做许多其他的事情，而这正是人生价值的体现，它带给我的满足是物质无法带来的。在心灵痛苦时，我常常会想，大千世界的痛苦又是多么的深厚。走这条路的人注定是孤独的，精神和灵魂像吉卜赛人一样在这个世界上流浪，如果这就是命运的话，我已做好准备并且毫不畏惧。"这是一个理想主义者的自白，是一个勇敢者的宣言，是潘杰客不变的信念。这是一种怎样的超越，怎样的智慧？他是一个把目标与成功分得很清的人，成败得失已无关紧要，他追求的只是一个目标、一种执着、一份毅力。对一个人来说，可以没有成功，却不能没有目标。目标有时候很简单，却需要足够的信心与毅力去追求；成功有时候很遥远，却与目标咫尺之隔。

真正的伟大只有一种，就是看清这个世界的本来面目，并且去热爱它。作为一个自然人，潘杰客无疑非常强大，这种强大表现在他始终恪守着自己的原则，给高贵的心灵一个美丽的住所，哪怕是遭遇到最大的阻力，也要想办法抵达胜利的彼岸。

生命太短暂，岂能渺小度一生

有这样一个众所周知的寓言故事：

农夫拣到一枚鹰蛋，回家后放到了一个正在孵小鸡的母鸡窝里。结果这枚鹰蛋被母鸡孵化成了一只雏鹰。这只雏鹰自以为也是一只小鸡，每天和小鸡生活在一起，做着与小鸡一样的事情，在垃圾堆里捉虫觅食，与小鸡一起嬉戏，有时也学母鸡一样咯咯地叫。

雏鹰渐渐长大，变成了一只小鹰，可它从来没有飞过几尺高，因为母鸡们只能飞这么高。它完全认为自己就与母鸡一样。

一天，小鹰看见一只大鸟在万里碧空中展翅翱翔，就问母鸡："那种飞得好高的大鸟是什么？"

母鸡回答说："那是一只雄鹰，它是一种非常了不起的鸟。你不过是一只鸡，不能像它那样飞，认命吧。"于是，这只小鹰就接受了这种观点，也不尝试着去飞翔，也从来没想过与母鸡们做不一样的事。

有一天，猎人经过这户农家，看见了这只小鹰。猎人说服农妇，用三只猎获的野兔换走了小鹰。猎人开始训练小鹰飞翔，可是小鹰飞不起来，准确地说，根本不敢飞。猎人没有灰心丧气，他带小鹰爬到一座高山顶上，对小鹰说："鹰呀鹰呀，你本属于蓝天，你是蓝天的主人，你怎么变得像你的食物——小鸡那样弱小呢？向高处看吧，那些在天空翱翔的雄鹰才是你的同伴。去找它们吧！"

猎人说着，撒手将小鹰抛向悬崖，小鹰呈直线坠落，就在即将落地的那一瞬间，小鹰一声尖叫，振翅飞了起来，直冲云霄。

尽快离开你身旁那些不积极、没有目标、不求成功的平庸之辈，和优秀的人在一起吧，这样，你的潜能就会最大限度地被激发出来，你就会变得更加优秀，最后让优秀成为自己的一种习惯。

贝尔 28 岁时拜访了著名物理学家约瑟夫·亨利，谈论"多路电报"试验，亨利本来对此不感兴趣。但这回他强打起精神，去听贝尔的介绍，突然他敏锐地觉察到，这个年轻人在谈一个极有价值的现象。他热情地鼓励贝尔："如果你觉得自己缺乏电学知识，那就去掌握它。你有发明的天分，好好干吧！"

后来，贝尔写信给父母，描述自己的感受："我简直无法向你们描述这两句话是怎样鼓舞了我……要知道在当时，对大多数人来说通过电报线传递声音无异于天方夜谭，根本不值得费时间去考虑。"

几年后，贝尔又说："如果当初没有遇上约瑟夫·亨利，我也许发明不了电话。"

和积极的人在一起会让你更积极，和消极的人在一起会让你更消极。心态积极的人，他们会及时激励我们，而不是用消极的话来干扰我们的行动。要知道，当一个人在做一件犹豫不决的事时，需要的是积极的支持。与积极者在一起，我们会学着尝试。即使错了，起码也曾经尝试过，无怨无悔。没有人会百分之百成功，但没有尝试肯定不会成功。

《心灵鸡汤》的作者之一马克·汉森是一位畅销书作家，他的书在全世界已经畅销几千万册。有一次，汉森在与成功学、激励学顶尖高手安东尼·罗宾斯同台演讲结束之后，私下请教罗宾斯，于是有了如下一段对话——

汉森问："我们都在教别人成功，为什么我的年收入才 100

万美元，而你一年却能赚进 1000 万美元呢？"

罗宾斯没有直接回答汉森的问题，却反过来问汉森："你每天跟谁混在一起？"

汉森说："我每天都跟百万富翁在一起。"

罗宾斯听后笑了笑说："我每天都跟千万富翁在一起。"

只有和比自己更成功的人在一起，和成功者合作，我们才会更成功。我们要想像雄鹰一样在空中翱翔，就得学会雄鹰飞翔的本领。如果我们结交有成就者，那我们终将会成为一个有成就的人。用好莱坞流行的一句话说："一个人能否成功，不在于你知道什么，而是在于你认识谁。"

假设有两种环境供你去选择：第一种环境你是最好的，你每月的收入 800 元，而别人都是 200 元，第二种环境你是最差的，别人都是百万富翁，你的资产只有 20 万，你愿意选择哪一种呢？要想成为什么样的人，你就要选择跟什么样的人在一起。你要变得积极，你要与比你更积极的人在一起，你要永远寻找更好的环境。无论你是飞黄腾达，还是穷困潦倒，若你选择与比你优秀的人在一起，当你落败时，他会帮你检讨总结，为你加油鼓劲。

谨慎地选择那些我们愿意花时间交往的朋友，因为他们对我们的思想、人格，以及发生在我们身上的任何事情都会有影响。与生活态度积极的人在一起，与具有远见卓识的人在一起，与成功者在一起，他们的"花香"肯定会熏陶我们，这样我们才会嗅到更多的芬芳。

生命太短暂，我们不能在碌碌无为中渺小地度过一生。与优秀的人在一起，创造不平凡的人生，才是我们明智的选择。

心若没有栖息的地方，到哪里都是流浪

所谓选定：就是指一生只选一把椅，一生只选一件事，一生选准一个目标。

所谓选定：就是咬定青山不放松，就是几十年风雨如一日，就是将"革命"进行到底！长江因选定向东而波澜壮阔；青松因选定向上而伟岸挺拔；珠峰因选定卓越而傲视群山；流星因选定精彩而亮彻长空；圣贤因选定目标而成功卓越！

有这样一个故事：

一条街上有两家卖老豆腐的小店。一家叫"潘记"，另一家叫"张记"。两家店是同时开张的。刚开始，"潘记"生意十分兴隆，吃老豆腐的人得排队等候，来得晚就吃不上了。潘记的特点是：豆腐做得很结实，口感好，给的量特别大。相比之下，张记老豆腐就不一样了，首先是豆腐做得软，软得像汤汁，不成形状；其次是给的豆腐少，加的汤多，一碗老豆腐半碗多汤。因此，有一段时间，张记的门前冷冷清清。有一天，一个客人走进张记的豆腐店，吃完一碗老豆腐后不客气地说："你怎么不学学潘记

呢？"老板卖关子，脸上颇有几分胜算地说："我为什么要学他呢？你一个月以后再来，看看是不是会有变化吧。"

大概一个多月后，张记的门前居然真的排起了长队。那客人很好奇，也排队买了一碗，看看碗里的豆腐，仍然是稀稀的汤汁，和以前没什么两样，吃起来，也是从前的味道。老板脸上仍然挂着憨厚的笑，客人便好奇地问："能告诉我这其中的秘诀吗？"

老板说："其实，我和潘记的老板是师兄弟。"客人有些惊讶："那你们做的豆腐不一样呀？"老板说："是不一样。我师兄——潘记做的豆腐确实好，我真比不上；但我的豆腐汤是加入好几种骨头，再配上调料，再经过12个小时熬制而成，师兄在这方面就不如我了。师傅故意传给我们不同的手艺。这样，人们吃腻了我师兄的豆腐，就会到我这里来喝汤。时间长了，人们还会回到我师兄那里。再过一段时间，人们又会来我这里。这样，我们师兄弟的生意就能比较长久地做下去，并且互不影响。"

客人又试探地问："你难道就不想跟师兄学做豆腐吗？"老板却说："师傅告诉我们，能做精一件事就不容易了。有时候，你想样样精，结果样样差。"

张记老板话中有话，除与老豆腐有关，与一个人的择业、一个人一辈子的坚守似乎都有些关联……

是的，世界上夺目的事业太多太多，而选定者必须知道：生命有限，时间有限，精力有限，能力有限，空间有限。而每人只有一双手，只有在众多的事业中选定一件自己爱干的事，才能打造自己的完美人生。

因为，成功是一个力学问题，目标的实现全赖于力量的方向、大小和持续力。

若不选定目标，那么，每天清晨起来，我们将茫然四顾。若不能选准一件事，那么，我们每日的思考与行动将毫无意义可言。宇宙万物都是以中心为内核而运转的，人生也莫不如此。有中心我们才有可能聚积四周的能量，才有可能吸引实现目标的人力、物力、财力。蚌因有中心而结出珍珠，台风因有中心而力大无穷。

当然，中心只应有一个。一生之中有太多梦想的人比比皆是，唯独一生只有一个梦想的人凤毛麟角，少之又少。梦想多者，一生都在游离不定中摇摆，在举棋不定中反复。他们没有恒心，没有毅力，他们太急于求成，他们太不能等待，有的只是一颗空泛的心，他们总是在期待和祈盼机遇之神光顾，结果呢？恰恰相反，机遇之神总是鄙视他们，且将他们弃在路边，如同敝屣。

富可敌国的比尔·盖茨，就是一个一生选定一件事、一生只做一件事的人。正因为这一果断的抉择，他的软件事业在经过几年的打拼之后，成了这一领域的"庞大帝国"，而他本人则成了世界首富。比尔·盖茨在谈到他的成功经验时说："很多人问我成功的秘密，其实我没有什么秘密可谈，我只是选择了我爱做的事，该做的事。其实，我不比别人聪明多少，我之所以走到了其他人的前面，不过是我认准了一生只做一件事，并且把这件事做得更完美而已。正是这个深扎于内心的信条，使我的思想和人生变得更加坚定。我始终认为一个能把一件事做到底的人，更能体现出天才的创造力。"

　　总之，没有选定，人生就没有主题；没有选定，人生就没有方向没有目标；没有选定，人生就是一盘散沙；没有选定，人生就不可能像滚雪球一样越滚越大；没有选定，人生就会流入肤浅和庸俗！只有选定，泰山才会为之让路；只有选定，险峰才会为之臣服；只有选定，人生的坎坷才会被踏平；只有选定，生命才会乘风破浪，一路凯歌！当然，"选定"它需要钢铁般的意志做后盾，才能实现，

才能突破。在这个世界上，强者与弱者之间，成功者与失败者之间，大人物与小人物之间，他们之间唯一的区别，就是看谁具有钢铁般的意志力，看谁具有绵绵不绝的激情。没有这两点，所有的选定都是白搭，所有的选定都是枉费心机。

今天，我们一定要吃透"选定"，着手"选定"，迅速做出生命中最大的一次决策——选好自己的位置，一生只做一件事。

是小草，就要为生命增添绿意；是鲜花，就要为人间留下芬芳；是阳光，就要照耀大地；是雨露，就要滋润禾苗……茫茫人海中，你的人生目标在哪里？

第二章 要么出众，要么出局

——做最好的自己，人生别留遗憾

你是独一无二的，要告诉世界"我很重要"

多年以来，个人总是被否定的那一个：面对集体，我不重要，为了集体的利益，我应该把自己个人的利益放在一边；面对他人，我不重要，为了他人能获得开心，只能牺牲我自己的开心；面对我自己，我也不重要，这个世界上，少了我就如同少了一只蚂蚁，没有分量的我，又有什么重要？但是，作为独一无二的"我"，真的不重要吗？不，绝不是这样，"我"很重要。

当我们对自己说出"我很重要"这句话的时候，"我"的心灵一下子充盈了。是的，"我"很重要。

"我"是由无数日月星辰、草木山川的精华汇聚而成的。只要计算一下我们一生吃进去多少谷物，饮下了多少清水，才凝聚成这么一具完美无缺的躯体，我们一定会为那数字的庞大而惊讶。世界付出了这么多才塑造了这么一个"我"，难道"我"不重要吗？

你所做的事，别人不一定做得来；而且，你之所以为你，必定是有一些相当特殊的地方——我们姑且称之为特质吧！而这些特质又是别人无法模仿的。

既然别人无法完全模仿你，也不一定做得来你能做得了的事，试想，他们怎么可能给你更好的意见？他们又怎能取代你的位置，来替你做些什么呢？所以，这时你不相信自己，又有谁可以相信？

请不要假装很努力，因为结果不会陪你演戏

况且，每个来到这个世上的人，都是上帝赐给人类的恩宠，上帝造人时即已赋予了每个人与众不同的特质，所以每个人都会以独特的方式来与他人互动，进而感动别人。要是你不相信的话，不妨想想：有谁的基因会和你完全相同？有谁的个性会和你丝毫不差？

由此，我们相信：你有权活在这世上，而你存在于这世上的目的，是别人无法取代的。

不过，有时候别人（或者是整个大环境）会怀疑我们的价值，时间一长，连我们自己都会对自己的重要性产生怀疑。请你千万不要让这类事情发生在你身上，否则你会一辈子都无法抬起头来。

记住！你有权利去相信自己很重要。

"我很重要。没有人能替代我，就像我不能替代别人。我很重要。"

生活就是这样的，无论是有意还是无意，我们都要对自己有信心。不要总是拿自己的短处去对比人家的长处，却忽视了自己也有人所不及的地方。自卑是心灵的腐蚀剂，自信却是心灵的发电机。所以我们无论身处何境，都不要让自卑的冰雪侵占心灵，而应燃烧自信的火炬，始终相信自己是最优秀的，这样才能调动生命的潜能，去创造无限美好。

也许我们的地位卑微，也许我们的身份渺小，但这不意味着我们不重要。重要并不是伟大的同义词，它是心灵对生命的允诺。

人们常常从成就事业的角度，断定自己是否重要。但这并不应该成为标准，只要我们在时刻努力着，为光明在奋斗着，我们就是无比重要地存在着，不可替代地存在着。

让我们昂起头，对着我们这颗美丽的星球上无数的生灵，响亮地宣布：我很重要。

面对这么重要的自己，我们有什么理由不去爱自己呢！

张扬个性，"秀"出自己才有机会

古话说："酒香不怕巷子深。"这话只适合过去，如今是酒香也怕巷子深。一个人无论才能如何出众，如果不善于表现，那他就得不到伯乐的青睐。所以人的才能需要自我表现，而且自我表现时必须主动、大胆。如果你自己不去主动地表现，或者不敢大胆地表现自己，你的才能就永远不会被别人知道。

在电影《乱世佳人》中扮演女主角郝思佳的费雯·丽，在出演该片前只是一位名不见经传的小角色。她之所以能够因此而一举成名，就是她大胆地抓住了自我表现的良好机遇。

当《乱世佳人》已经开拍时，女主角的人选还没有最后确定。毕业于英国皇家戏剧艺术学院的费雯·丽，当即决定争取出演郝思佳这一十分诱人的角色。

请不要假装很努力，因为结果不会陪你演戏

可是，此时的费雯·丽还默默无闻，没有什么名气。怎样才能让导演知道"我就是郝思佳的最佳人选"呢？这个问题成为她思考解决的一大关键。

经过一番深思熟虑后，费雯·丽决定毛遂自荐，方法是自我表现。一天晚上，刚拍完《乱世佳人》的外景，制片人大卫又愁眉不展了。突然，他看见一男一女走上楼梯，男的他认识，那女的是谁呢？只见她一手扶着男主角的扮演者，一手按住帽子，居然自己把自己扮演成了郝思佳的形象。

大卫正在纳闷儿时，突然听见男主角大喊一声："喂！请看郝思佳！"大卫一下子惊住了："天呀！真是踏破铁鞋无觅处，得来全不费工夫。这不就是活脱脱的郝思佳吗？！"

费雯·丽被选中了。

毋庸置疑，你的表现得到认可之时，就是机遇来临之日。请你务必记住一点：知道和了解你才能的人越多，为你提供的机遇也就会越多。

当然，很多人或许不会像费雯·丽那样仅靠一次表现就一举成功。所以，我们必须有耐心和恒心，多表现自己几次。在一个人面前表现不行，就在更多的人面前表现；在一个地方表现无效，就在其他地方进行表现。当你表现多了，被发现、被赏识的可能性就会大大增加。

汉代名士东方朔，诙谐多智。他刚入长安时，向汉武帝上书，竟用了三千片竹简，公车令派两个人去抬，才勉强能抬起来。汉武帝用了两个月才把它读完。这在当时也堪称是"吉尼斯世界之最"了。在自荐中，东方朔称："臣年二十二，长九尺三寸，目若悬珠，齿如编贝，勇若孟贲，捷若庆忌，廉若鲍叔，信若尾生。若此，可以为天子大臣矣。"皇帝果然为此打动，但转念一想，又觉言过其实，始终未予重用。

东方朔并不死心，另辟蹊径。当时，与东方朔并列为郎的侍臣中，有不少是侏儒。东方朔就吓唬他们，说皇帝嫌他们没用，要全部把他们杀死。侏儒们吓坏了，诉于皇帝，皇帝便召来东方朔问为何要吓唬他们。东方朔说："那些侏儒长得不过三尺，俸禄是一口袋米，二百四十个铜钱。我东方朔身长九尺有余，俸禄也是一口袋米，二百四十个铜钱。侏儒饱得要死，我却饿得要死。陛下要觉得我有用，请在待遇上有所差别；如果不想用我，可罢免我，那我也用不着在长安城要饭吃了。"皇帝听了大笑，因此让他待诏金马门（即古代官署的大门），对他比以前亲近了许多。

有时候，沉默谦逊确实是一种"此时无声胜有声"的制胜利器，但无论如何你也不要处处把它当作金科玉律来信奉。在种种竞争中，你要将沉默、踏实、肯干、谦逊的美德和善于"秀"自己结合起来，如此才能更好地让别人赏识你。

走自己的路，让别人说去吧

哲人们常把人生比作路，是路，就注定有崎岖不平。

1929 年，美国芝加哥发生了一件震动全国教育界的大事。

几年前，一个年轻人半工半读地从耶鲁大学毕业。曾做过作家、伐木工人、家庭教师和卖成衣的售货员。现在，只过了 8 年，他就被任命为全美国第四大名校——芝加哥大学的校长，他就是罗勃·郝金斯。他只有 30 岁，真叫人难以置信。

人们对他的批评就像山崩落石一样一齐打在这位"神童"的头上，说他这样，说他那样，甚至各大报纸也参加了抨击。

在罗勃·郝金斯就任的那一天，有一个朋友对他的父亲说："今天早上，我看见报上的社论抨击你的儿子，真把我吓坏了。"

"不错，"郝金斯的父亲回答说，"话说得很凶。可是请记住，从来没有人会踢一只死狗。"

曾有一个美国人，被人骂作"伪君子""骗子""比谋杀犯好不了多少"……一幅刊在报纸上的漫画把他画成伏在断头台上，一把大刀正要切下他的脑袋，街上的人群都在嘘他。他是谁？他就是乔治·华盛顿。

耶鲁大学的前校长德怀特曾说："如果此人当选美国总统，我们的国家将会合法卖淫，行为可鄙，是非不分，不再敬天爱人。"听起来这似乎是在骂希特勒吧？可是他谩骂的对象竟是杰弗逊总统，就是撰写《独立宣言》、被赞为"民主先驱"的杰弗逊总统。

可见，没有谁的路永远是一马平川的。为他人所左右而失去自己方向的人，他将无法抵达属于自己的成功彼岸。

真正成功的人生，不在于成就的大小，而在于是否努力地去实现自我，喊出属于自己的声音，走出属于自己的道路。

一名中文系的学生苦心撰写了一篇小说，请作家批评。因为作家正患眼疾，学生便将作品读给作家。读到最后一个字，学生停顿下来。作家问道："结束了吗？"听语气似乎意犹未尽，渴望下文。这一追问，煽起学生的激情，使他立刻灵感喷发，马上接续道："没有啊，下部分更精彩。"他以自己都难以置信的构思叙述下去。

到达一个段落，作家又似乎难以割舍地问："结束了吗？"

小说一定摄魂勾魄，叫人欲罢不能！学生更兴奋，更激昂，

请不要假装很努力，因为结果不会陪你演戏

更富于创作激情。他不可遏止地一而再，再而三地接续、接续……最后，电话铃声骤然响起，打断了学生的思绪。

有人找作家，急事。作家匆匆准备出门。"那么，没读完的小说呢？""其实你的小说早该收笔，在我第一次询问你是否结束的时候，就应该结束。何必画蛇添足、狗尾续貂？该停则止，看来，你还没把握情节脉络，尤其是，缺少决断。决断是当作家的根本，否则绵延逶迤，拖泥带水，如何打动读者？"

学生追悔莫及，自认性格过于受外界左右，难以把握作品，恐不是当作家的料。

很久以后，这名年轻人遇到另一位作家，羞愧地谈及往事，谁知作家惊呼："你的反应如此迅捷、思维如此敏锐、编造故事的能力如此强盛，这些正是成为作家的天赋呀！假如正确运用，作品一定脱颖而出。"

"横看成岭侧成峰，远近高低各不同。"凡事绝难有统一定论，谁的"意见"都可以参考，但永不可代替自己的"主见"，不要被他人的论断束缚了自己前进的步伐。

遇事没有主见的人，就像墙头草，吹东风往东倒，吹西风往西倒，没有自己的原则和立场，不知道自己能干什么，会干什么，自然与成功无缘。

走自己的路，让别人说去吧。

保持特质才能赢得蓝天

有些人，在智商方面可能并没有什么超常的地方，但借助上帝之手，他们总有某个特质是超出常人的。这种时候，只有使这些能让自己成就大事的特质得到充分的发挥，人才有可能成长。

每个人在给自己定位或者确定方向的时候，总会受到外界这样或者那样的影响，其中包括长辈的期望。在这种情况之下，一个人就容易受外在事物的影响，不遵从自身特质的指引，走上一条受他人影响甚至由别人指定的道路。这对于任何人而言都是一种悲哀。每个人遇到这种情况时，都应该坚持自己的特质。

这里有诺贝尔物理学奖获得者杰拉德斯·图夫特的一段话，

请不要假装很努力，因为结果不会陪你演戏

他的成长经历在杰出人士这一群体中就很具有代表性。

　　当杰拉德斯·图夫特还是一个8岁小男孩时，一位老师问他："你长大之后想成为怎样的人？"他回答："我想成为一个无所不知的人，想探索自然界所有的奥秘。"图夫特的父亲是一位工程师，因此想让他也成为一名工程师，但是他没有听从。"因为我的父亲关注的事情是别人已经发明的东西，我很想有自己的发现，做出自己的发明。我想了解这个世界运作的道理。"正是有着这样的渴求，当其他孩子正在玩耍或者在电视机前消磨时光的时候，小小的图夫特就在灯前彻夜读书了。"我对于一知半解从来不满足，我想知道事物的所有真相。"他很认真地说。

　　图夫特告诫我们要保持自我。"最重要的是一定要决定你要走什么样的道路。你可以成为一名科学家，可以去做医生，但是一定要选择你的道路。世界上没有完全相同的两个人，这就是人类能够取得各种各样成就的原因。所以没有必要强迫一个人去做他不感兴趣的工作。如果你对科学感兴趣，你要尽量找一些好的老师，这点非常重要。即使是这样，你也不一定就会获得诺贝尔奖，这些事情是可遇而不可求的，你不能过于注重结果，你不要期望一定能取得什么样的成就。如果你真正地投入到一个领域当中，倘若那不是你想要得到的，那么你也不能从中发现真正的乐趣。"这些话深刻地揭示了保持自己的特长，让自己前行的道路能够顺应自己固有的特质延伸，对于杰出人士的成长，可谓是至关重要。

　　德塞纳维尔，在别人眼里是干什么都不行的庸才。但是，他总觉得自己有点儿与众不同。有一天，他脑子里飘起一段曲调，他便将它大概哼了出来，并用录音机录了下来，请人写成乐谱，名为《阿德丽娜叙事曲》。阿德丽娜正是他的大女儿。曲子谱好后，他就在罗曼维尔市找了一个游艺场的钢琴演奏员为之录音。这个演奏员没啥名气，穷得很。德塞纳维尔给他取了个艺名，叫理查德·克莱德曼……这一演奏不要紧，在音乐界立即引起了轰动，唱片在全世界一下子卖了 2600 万张，德塞纳维尔轻而易举地发了财。他说："我不会玩任何乐器，也不识乐谱，更不懂和声。不过我喜欢瞎哼哼，哼出些简单的、大众爱听的调儿。"

　　请不要假装很努力，因为结果不会陪你演戏

德塞纳维尔只作曲，不写歌，他的曲子已有数百首，并且流行全球。20年来，德塞纳维尔靠收取巨额版税，腰缠万贯。

成功人士都是这样，保持特质，他们终得到了一片蓝天。

自己的人生无须浪费在别人的标准中

童话里的红舞鞋，漂亮，且充满诱惑，一旦穿上，便再也脱不下来。我们疯狂地转动舞步，一刻也停不下来，尽管内心充满疲惫和厌倦，脸上还得挂着幸福的微笑。当我们在众人的喝彩声中终于以一个优美的姿势为人生画上句号时，才发觉这一路的风光和掌声，带来的竟然只是说不出的空虚和疲惫。

人生来时双手空空，却要让其双拳紧握；而等到人死去时，却要让其双手摊开，偏不让其带走财富和名声。明白了这个道理，人就会将许多东西看淡。幸福的生活完全取决于自己内心的简约，而不在于你拥有多少外在的财富。

18世纪法国有个哲学家叫戴维斯。有一天，朋友送他一件质地精良、做工考究、图案高雅的酒红色睡袍，戴维斯非常喜欢。他穿着华贵的睡袍在家里踱来踱去，越踱越觉得家具不是破旧不堪，就是风格不对，地毯的针脚也粗得吓人。慢慢地，旧物件挨个儿更新，书房终于跟上了睡袍的档次。戴维斯穿着睡袍坐在帝王气十足的书房里，可他却觉得很不舒服，因为"自己居然被一件睡袍胁迫了"。

戴维斯被一件睡袍胁迫了，生活中的大多数人则是被过多的物质和外在的成功胁迫着。很多情况下，我们受内心深处支配欲和征服欲的驱使，自尊和虚荣不断膨胀，着了魔一般去同别人攀比，谁买了一双名牌皮鞋，谁添置了一套高档音响，谁交了一位漂亮女友，这些都会触动我们敏感的神经。一番折腾下来，尽管钱赚了不少，也终于博得了"别人"羡慕的眼光，但除了在公众场合拥有一两点流光溢彩的光鲜和热闹以外，我们过得其实并没有别人想象得那么好。

男人爱车，女人爱别人说自己的好。从一定意义上来说，人都是爱好虚荣的，不管自己究竟幸福不幸福，常常为了让别人觉得很幸福就很满足，人往往忽视了自己内心真正想要的是什么，而是常常被外在的事情所左右，别人的生活实际上与你无关，不论别人幸福与否都与你无关，你不该将自己的幸福建立在与别人比较的基础之上，或者建立在了别人的眼光中。幸福不是别人说出来的，而是自己感受到的，人活着不是为别人，更多的是为自己。

《左邻右舍》中提到了这样一个故事：

说是男主人公的老婆看到邻居小马家卖了旧房子在闹市区买了新房，他的老婆就眼红了，非要也在闹市选房子，并且偏偏要和小马住同一栋楼，而且一定要选比小马家房子大的那套，当邻居问起的时候，她会很自豪地说："不大，一百多平方米，只比

304室小马家大那么一点！"气得小马老婆火冒三丈的。过了几天，小马的老婆开始逼小马和她一起减肥，说是减肥之后，他们家的房子实际面积一定不会比男主人公家的小，男主人公又开始担心自己的老婆知道后会不会让他们也一起减肥！

这个故事看起来虽然很好笑，但是却时常在我们的生活中上演，人将自己生活放在了一个不断与人比较的困境中，被自己生活之外的东西所左右，岂不是很可悲？

一个人活在别人的标准和眼光之中是一种痛苦，更是一种悲哀。人生本就短暂，真正属于自己的快乐更是不多，为什么不能为了自己而完完全全、真真实实地活一次？为什么总是参照别人的生活？如果我们把追求外在的成功或者"过得比别人好"作为

人生的终极目标的时候，就会陷入物质欲望为我们设下的圈套而不能自拔。

不要拿过去犯下的错误处罚自己

在生活中，有太多的人喜欢抓住自己的错误不放：没能抓住发展的机遇，就一直怨恨自己不具慧眼；因为粗心而算错了数据，就一直抱怨自己没长大脑；做错了事情伤害到了别人，会为没有及时道歉而自责很久……

人生一世，花开一季，谁都想让此生了无遗憾，谁都想让自己所做的每一件事都永远正确，从而达到自己预期的目的。可这只能是一种美好的幻想。人不可能不做错事，不可能不走弯路。做了错事，走了弯路之后，有谴责自己的情绪是很正常的，这是一种自我反省，是自我解剖与改正的前奏曲，正因为有了这种"积极的谴责"，我们才会在以后的人生之路上走得更好、更稳。但是，如果你抓住后悔不放，或羞愧万分，一蹶不振；或自惭形秽，自暴自弃，那么你的这种做法就是愚人之举了。

卓根·朱达是哥本哈根大学的学生。有一年暑假，他去做导游，因为他总是乐于帮助游客，因此几个芝加哥来的游客就邀请他去华盛顿观光。

卓根抵达华盛顿以后就住进了"威乐饭店",他在那里的账单已经预付过了。

当他准备就寝时,才发现由于自己的粗心大意,放在口袋里的皮夹不翼而飞。他立刻跑到柜台那里。

"我们会尽量想办法。"经理说。

第二天早上,仍然找不到。因为一时的粗心大意,让自己孤零零一个人身无分文地待在异国他乡,应该怎么办呢?他越想越是生气,越想越是懊恼,于是想到了很多办法来惩罚自己。

这样折腾了一夜之后,他突然对自己说:"不行,我不能再这样一直沉浸在悔恨当中了。我要好好看看华盛顿。说不定我以后没有机会再来了,但是现在仍有宝贵的一天待在这里。好在今天晚上还有飞机到芝加哥去,一定有时间解决护照和钱的问题。"

于是他立刻动身,徒步参观了白宫和国会山,并且参观了几个博物馆,还爬到了华盛顿纪念馆的顶端。

等他回到丹麦以后,这趟美国之旅最使他怀念的却是在华盛顿漫步的那一天——因为如果他一直抓住过去的错误不放,那么这宝贵的一天也会白白溜走。

放下过去的错误,向前看,才能有更多的收获。我们一生当中会犯很多错误,如果每一次都抓住错误不放,那么我们的人生恐怕只能在懊悔中度过。很多事情,既然已经没有办法挽回,就没有必要再去惋惜悔恨了。与其在痛苦中挣扎浪费时间,还不如重新找到一个目标,再一次奋发努力。

把"我不可能"彻底埋葬

在自然界中，有一种十分有趣的动物，叫作大黄蜂。曾经有许多生物学家、物理学家、社会行为学家联合起来研究这种生物。根据生物学的观点，所有会飞的动物，必然是体态轻盈、翅膀十分宽大的，而大黄蜂这种生物的状况，却正好跟这个理论相反。大黄蜂的身躯十分笨重，而翅膀却出奇短小，依照生物学的理论来说，大黄蜂是绝对飞不起来的；而物理学家的论调则是，大黄蜂的身体与翅膀的比例，根据流体力学的观点，同样是绝对没有飞行的可能。简单地说，大黄蜂这种生物，是根本不可能飞得起来的。

可是，在大自然中，只要是正常的大黄蜂，就没有一只是不能飞行的，甚至它飞行的速度，也并不比其他飞行动物慢。这种现象，仿佛是大自然和科学家们开的一个很大的玩笑。最后，社会行为学家找到了这个问题的答案。很简单，那就是——大黄蜂根本不懂"生物学"与"流体力学"。每一只大黄蜂在它成熟之后，就很清楚地知道，它一定要飞起来去觅食，否则必定会活活饿死！这正是大黄蜂之所以能够飞得那么好的奥秘。

由此可见，这世上没有绝对的"不可能"，只要敢于拼搏，一切皆有可能。

谈到"不可能"这个词，我们来看一看著名成功学大师卡耐基年轻时用的一个奇特的方法。

请不要假装很努力，因为结果不会陪你演戏

卡耐基年轻的时候想成为一名作家。要达到这个目的，他知道自己必须精于遣词造句，字典将是他的工具。但由于家里穷，他接受的教育并不完整，因此"善意的朋友"就告诉他，说他的雄心是"不可能"实现的。

后来，卡耐基存钱买了一本最好的、最完全的、最漂亮的字典，他所需要的字都在这本字典里，而他对自己的要求是要完全了解和掌握这些字。他做了一件奇特的事，他找到"impossible（不可能）"这个词，用小剪刀把它剪下来，然后丢掉。于是他有了一本没有"不可能"的字典。以后他把整个事业建立在这个前提上，那就是对一个要成长，而且超过别人的人来说，没有任何事情是不可能的。

当然，并不是建议你从你的字典中把"不可能"这个词剪掉，而是建议你要从你的脑海中把这个观念铲除掉。谈话中不提它，

想法中排除它，态度中去掉它、抛弃它，不再为它提供理由，不再为它寻找借口。把这个字和这个观念永远地抛开，而用光明灿烂的"可能"来代替它。

翻一翻你的人生词典，里面还有"不可能"吗？可能很多时候，在我们鼓起雄心壮志准备大干一场时，就会有人好心地告诉我们："算了吧，你想的未免也太天真、太不可思议了，那是不可能的事情。"接着我们也开始怀疑自己："我的想法是不是太不符合实际了，那是根本不可能达到的目标。"

假如回到 500 年前，如果有人对你说，你坐上一个银灰色的东西就可以飞上天；你拿出一个黑色的小盒子就能够跟远在千里之外的朋友说话；打开一个"方柜子"就能看到世界各地发生的事情……你也同样会告诉他"不可能"。但是，今天飞机、手机、电视甚至宇宙飞船都已变成现实了。正如那句老话所说："没有做不到，只有想不到。"奇迹在任何时候都可能发生。

纵观历史上成就伟业的人，往往并非那些幸运之神的宠儿，而是那些将"不可能"和"我做不到"这样的字眼儿从他们的字典以及脑海中连根拔去的人。富尔顿仅有一只简单的桨轮，但他发明了蒸汽轮船；在一家药店的阁楼上，迈克尔·法拉第只有一堆破破烂烂的瓶瓶罐罐，但他发现了电磁感应；在美国南方的一个地下室中，惠特尼只有几件工具，但他发明了锯齿轧花机；豪·伊莱亚斯只有简陋的针与梭，但他发明了缝纫机；贫穷的贝尔教授用最简单的仪器进行实验，但他发明了电话。

　　　　请不要假装很努力，因为结果不会陪你演戏

美国著名钢铁大王安德鲁·卡内基在描述他心目中的优秀员工时说："我们所急需的人才，不是那些有着多么高贵的血统或者多么高学历的人，而是那些有着钢铁般的坚定意志，勇于向工作中的'不可能'挑战的人。"

这是多么掷地有声、发人深省的一句话啊！

每一位在生活中和在职场上拼搏并希望获得成功的人，都应该把这句话铭刻在自己的内心深处！敢于向"不可能"发出挑战，一切皆有可能！

相信自己能飞翔，才能拥有翅膀

有一位诗人说得好："使世界活跃的不是真理，而是信心！"信心是一种机动性的力量。不过这种力量不是普通的力量，而是一种在我们内心活跃着的力量。正如我们的身体是凭借食物所产生的热能构筑起来的一样，我们的生命之所以活跃、有意义、有用，并不是凭自己的力量，而是我们从另外一个来源获得了力量。

一位心理学者曾在一所著名的大学挑选了一些运动员做实验。他要这些运动员做一些别人无法做到的运动，还告诉他们，由于他们是国内最好的运动员，因此他们能够做到。

这些运动员分为两组，第一组到达体育馆后，虽然尽力去做，

但还是做不到。第二组到达体育馆后，研究人员告诉他们，第一组已经失败了，并对他们说："你们这一组与前一组不同，我们研制了一种新药，会使你们达到超人的水准。"结果，第二组运动员吃了药丸后，果然完成了那些困难练习。事后，研究人员才告诉他们，刚才吃的药丸，其实是没有任何药物成分的粉末做的。如果你相信自己能做到，你就一定能做到。第二组运动员之所以能完成这些困难的练习，在于他们相信自己一定能够做到。这就是积极的心理暗示所产生的效果。

信心是人类最伟大的力量之一。只要一点点信心，就可以企及原本所不能完成的事。当然，这并不是说只要自信，就每次都能得到自己想要的东西。远远不是这么简单，总会有风险在里面。但是，自信的人至少是自己做出选择，而不是听任别人为自己做主（或者是强行为别人做主）。只要他表现良好，说出了自己的感觉，那她就会对自己有信心，提升自尊意识，鼓励自己在人际交往中更加坦率和诚信。

请不要假装很努力，因为结果不会陪你演戏

第三章 努力到无能为力，拼搏到感动自己

——让将来的你，感谢现在拼命的自己

决心取得成功比任何一件事情都重要

很多想成功的人，对成功只是存在一种向往。而只有下定决心成功，才会目标明确，现实可行。

下决心是一种运用能力的过程，是一个人综合素质的折射。一个人能否成功，很大程度上取决于自己的决心。抓住机遇，下定决心，离成功也就不远；优柔寡断，踌躇不决则会错过良机，与成功失之交臂。

有人曾经对许多遭受失败和获得成功的人分别进行分析，发现在做事过程中，因犹豫不决或没有下决心而失败的人占很大比例。而相当一部分成功者，其最优秀的品格之一就是遇事果断坚决，敢于下决心，最终把握住了机遇，从而获得了成功。

按照弗洛伊德的理论，人生来就有"做伟人"的欲望。人为成功而来，也为成功而活。但"想成功"与"要成功"却是有着天壤之别的。所以，我们在生活中会看到很多人都在说："我很想成功！"但却没有看到他们真正地下决心。要知道，成功不是喊叫出来的，也不是写出来的，成功是下决心做出来的！

很多想成功的人，对成功只是存在一种向往或一种侥幸心理。他们的目标要么游移不定，要么好高骛远，不着边际，因而很难整合现有资源，很难有计划和方法；要么迟迟不动，要么行动不坚决、不彻底、不持久，一遇挫折，立即为自己找个"本来就是想想而已"的借口，下台了事。

　　要成功的人才是真正在成功之前下过坚定决心的人。下定决心，不仅能体现一个人果决的勇气、决断时的自信、坚定不移的志气，更会锻造出自己的魅力，从而赢得他人的信任。只有下定决心成功，才会目标明确、现实可行。也只有下定决心的人，才会在成功的路上不断地检讨自己，改变自己，创造条件，适应环境要求；才能获得深刻的驱动力，而不顾任何艰难险阻，义无反顾，锲而不舍，持之以恒。

　　世界顶级的推销员与培训大师汤姆·霍普金斯曾告诉他的学员们："成功有三个最重要的秘诀，第一个就是下定决心；第二个还是下定决心；第三个当然还是下定决心。"

　　这是霍普金斯成功的经验之谈，因为就在他刚刚进入推销行业的时候，他常常因为害怕敲别人家门或跟陌生人谈论产品时被拒绝，故

而业绩一直无法实现突破。直到有一天，他上了一个课程，在课堂上老师告诉他："下一次还有一个课程非常棒，那个课程可以帮助我们激发所有的潜能，让自己能够成为顶尖人物。"

霍普金斯说："我很想听下个课程，但我没有钱，等我存够了钱再上。"这时候老师却对他说："你到底是想成功，还是一定要成功？"他回答说："我一定要成功。"老师又问："假如你一定要成功的话，请问你会怎么处理这个事情？"于是霍普金斯回答："我会立刻借钱来上课。"

从此，霍普金斯发现了自己一直业绩平平的原因，是自己从来没有真正地下过决心。于是在下一次推销之前，他从公司里找了一位同事并带他下楼，他对同事说："你看着，假如我无法向对面那个陌生人推销产品的话，我走过马路来就被车撞死给你看。"

他说完这句话的时候，脑海里一片空白，根本不知道他即将如何推销。但他还是硬着头皮走过去，开始与陌生人交谈，于是他使出了浑身解数向那位陌生人推销产品，经过 20 分钟的口若悬河之后，不可思议的事情发生了：他终于卖出了产品！

后来，霍普金斯在分析他的人生是怎么改变的时候，发现答案只有四个字，那就是"下定决心"。

所以，人生从你下定决心的那一刻就已经开始改变，你所做出的任何一个决定都决定着你的人生。

信念达到了顶点，就能够产生惊人的效果

信念是不值钱的，它有时甚至是一个善意的欺骗，然而你一旦坚持下来，它就会迅速升值。

信念是欲望人格化的结果，是一种精神境界的目标。信念一旦确定，就会形成一种成就某事或达到某种预期的巨大渴望，这种渴望所激发出来的能量，往往会超出我们的想象。由信念之火所点燃的生命之灯是光彩夺目的。

美国的罗杰·罗尔斯是纽约的第 53 任州长，也是纽约历史上的第一位黑人州长。他出生于纽约声名狼藉的大沙头贫民窟。那里环境肮脏，充满暴力，是偷渡者和流浪汉的聚集地，他也从小就学会了逃学、打架，甚至偷窃。直到一个叫皮尔·保罗的人当了罗杰·罗尔斯那所小学的校长。

有一天，罗杰·罗尔斯正在课堂上捣乱，校长就把他叫到了身边，说要给他看手相。于是罗尔斯从窗台上跳下，伸着小手走向讲台，皮尔·保罗先生说，我一看你修长的小拇指就知道，将来你是纽约州的州长。当时，罗尔斯大吃一惊，因为长这么大，只有他奶奶让他振奋过一次，说他可以成为 5 吨重的小船的船长。这一次，皮尔·保罗先生竟说他可以成为纽约州的州长，着实出乎他的预料。他记下了这句话，并且相信了它。

从那天起，纽约州州长就像一面旗帜飘扬在他的心间。他的

衣服不再沾满泥土，他说话时也不再夹杂污言秽语，他开始挺直腰杆走路，他成了班主席。在以后的几十年里，他没有一天不按州长的身份要求自己。51岁那年，他真的成了州长。在他的就职演说中有这么一段话，他说：信念值多少钱？信念是不值钱的，它有时甚至是一个善意的欺骗，然而你一旦坚持下来，它就会迅速升值。这正如马克·吐温所说的：信念达到了顶点，就能够产生惊人的效果。

信念不但能够唤起一个人的信心，更能够延续一个人的信心，它既是信心的开始，也是信心的归宿。但是，信心时常有，信念却不常有，所以成功的人总是少数。随大流的人，把握不住自己的人，看不清趋势的人，即使找到信心，也无法将其发展到信念。急功近利的人会在信心走向信念的过程中崩溃，浮躁的人会葬送在从信心走向信念的坦途上。

成功者的人生轨迹告诉我们：信念，是立身的法宝，是托起人生大厦的坚强支柱。信念，是成功的起点，是保证人追求目标成功的内在驱动力。信念，是一团蕴藏在心中的永不熄灭的火焰，是一条生命涌动不息的希望长河。

著名的黑人领袖马丁·路德·金说过："这个世界上，没有人能够使你倒下，如果你自己的信念还站立着的话。"所以，信念的力量，在于使身处逆境的你，扬起前进的风帆；信念的伟大，在于即使遭受不幸，亦能召唤你鼓起生活的勇气；信念的价值，在于支撑人对美好事物一如既往地孜孜以求。

当然，如果一个人选择了错误的信念，那必将是对生命致命的打击。错误的信念会夺去你的能量、你的欲望和你的未来。曾有研究者做过这样一个实验：他们把善于攻击鲦鱼的梭鱼放在一个玻璃钟罩里，然后把这个玻璃钟罩放进一个养着鲦鱼的水箱中。罩里的梭鱼看到鲦鱼后，立刻发动了几次攻击，结果它敏感的鼻子狠狠地撞到了玻璃壁上。几次惨痛的尝试之后，梭鱼最终放弃，并完全忽视了鲦鱼的存在。当钟罩被拿走后，鲦鱼们可以自由自在地在水中四处游荡，即使当它们游过梭鱼鼻子底下的时候，梭鱼也继续忽视它们。由于一个建立在错误信念基础之上的死结，这条梭鱼终因不顾周围丰富的食物而把自己饿死了。在现实生活中，又有多少错误的信念成了束缚我们的玻璃钟罩呢？

　　人生是一连串选择的结果，而选择一个正确的信念，会成就我们的一生。弥尔顿说过："心灵是自我做主的地方。在心灵中，天堂可以变成地狱，地狱也可以变成天堂。"人们的生活由自己选定，而幸福，抑或悲哀，全在于心灵的阴晴。强者的天总是蓝的，因为他们坚信乌云终将被驱散；弱者的眼里总是风霜雨雪，漫布着无奈、无望、无尽的悲哀与叹息。人生的变数很多，然而，只要心中升腾着信念的火焰，艰难险阻就都将不复存在。

顽强能创造令人难以想象的奇迹

人生中永远都是困难重重，只有意志顽强的人才能最终抵达成功的彼岸。

顽强不等于顽固，它是因"顽"而"强"。"顽"是一种执着，一种坚定的信念，一种不达目的誓不罢休的决心和勇气，"强"是"顽"的效果表达，是我们生存和发展的必备条件。

只有顽强的人，才会对自己的行为动机和目的有着清醒而深刻的认识。只有顽强的人，才能在复杂的情境中，冷静而迅速地做出判断，毫不迟疑地采取坚决的措施和行动。也只有顽强的人，在碰到挫折和失败的时候，会主动调节自己的消极情绪，控制自己的言行，不灰心、不丧气、不焦躁；面对成功和胜利，不骄傲、不自满。

在很多情况下，我们与成功无缘，并不是我们不聪明，而是缺乏顽强的意志。顽强的意志不但能帮助我们走出失败的阴影，更能帮助我们养成良好的习惯，实现人生的目标。顽强的"妙不可言"之处就在于它能激发人的潜能，促使人创造超乎自己想象的业绩。

海伦·凯勒看不见东西，听不到声音，但在她的一生中做了许多事情。她的成功给其他人带来了希望。

海伦·凯勒于 1880 年 6 月 27 日出生在美国亚拉巴马州北部

的一个小镇上。在一岁半之前，海伦·凯勒和其他孩子一样，她很活泼，很早就会走路和说话了。但在 19 个月大的时候，她因为一次高烧而导致了失明及失聪。从此，她的世界充满了寂静和黑暗。

从那时起到 7 岁前，海伦只能用手比画进行交流。但是她学会了在寂静黑暗的环境中怎样生活。她有着很强的渴望，她自己想做什么，谁也挡不住她。她越来越想和别人交流，用手简单地比画已经不够用了。她的内心深处有一种什么东西要爆发，她的举止已难以让人理解。当她母亲管束她时，她会哭叫喊闹。

在海伦 6 岁时，她父亲从波士顿的珀斯盲人研究院请来了一位女老师，名叫安妮·沙利文。海伦·凯勒就是在这位令她终身不忘的老师的指导下，在以后的日子里凭借着自己顽强的毅力，学会了手语，学会了说话，学会了多门外语，并在

哈佛大学完成了自己的学业。但海伦认为，这些只不过是她许多成功的开始。

就在自己的老师去世后不久，海伦·凯勒跑遍美国大大小小的城市，周游世界，为残障的人到处奔走，全心全意为那些不幸的人服务，最终成为一位世界知名的残障教育家。

海伦·凯勒终生致力于服务残障人士，并写了很多的书，其中写于1993年的散文《假如给我三天光明》是最为著名的一篇。

命运虽然给予了海伦·凯勒许多的不幸，但她却并没有因此而屈服于命运。她凭借着自己顽强的毅力，奋勇抗争，最终冲破了人生的黑暗与孤寂，赢得了光明和欢笑。美国《时代周刊》评价海伦·凯勒为"人类意志力的伟大偶像"。

海伦·凯勒的成功让我们认识到顽强的意志对于一个残疾人的意义，那么，作为一个四肢健全的我们呢？海伦·凯勒让我们感到汗颜。其实，很多人只比海伦·凯勒少了一种不屈不挠的骨气，一种持之以恒的耐力和一种顽强不屈的意志力。他们不明白，人生中永远都是困难重重，只有具有顽强意志的人，才能成功！

进取心是不竭的动力

只有具备一种永不停息的自我推动力，我们的人生才可能不断更上一个台阶，更高的目标和理想不断在向我们召唤。

永不知足是要求自己上进的第一步，是要让自己不满足于停留在现有的位置上。永不知足可以帮助你迈出关键的第一步。

比尔·盖茨对年轻人说得最多的一句话就是——"永不知足"。他之所以会取得如此大的成功，就在于他不满足于所取得的成绩，不断进取，始终激励自己向前发展，最后终于实现了自己的理想，得到了他所向往的地位。

新闻界的"拿破仑"——伦敦《泰晤士报》的大老板诺思克利夫爵士，最初在每月只能拿到80元的时候，他对自己的处境非常不满。后来，《伦敦晚报》和《每日邮报》皆为他所有的时候，他还是感到不满足，直到他得到了伦敦《泰晤士报》之后，他才稍稍觉得有点满足。

就算成了《泰晤士报》的大老板，诺思克利夫爵士还是不肯善罢甘休。他要利用《泰晤士报》揭露官僚政府的腐败，打倒几个内阁，推翻或拥护几个内阁总理（亚斯·查尔斯和路易·乔治），而且不顾一切地攻击"昏迷不醒"的政府……由于他的这种大胆的努力，提高了不少国家机关的办事效率，在某种程度上还改革了整个英国的制度。

不管你目前的职位有多高，都不要满足于现状，应该告诉自己："我的职位应在更高处。"

进取心从不允许我们休息，它总是激励我们为了更美好的明天而奋斗。由于人的成长是无限的，所以我们的进取心和愿望也是无法满足的。我们目前所到达的高度足以令人羡慕，但是，我们却发现今日所处的位置和昨日的位置一样，无法让我们完全满足，更高的理想和目标不断在向我们招手。

百年哈佛主张这样的人生哲学：信心和理想乃是人们追求幸福和进步的最强大推动力。

进取心是激发人们抗争命运的力量，是完成崇高使命和创造伟大成就的动力。一个具备了进取心的人，就会像被磁化的指针那样显示出矢志不移的神秘力量。

人生的进步与成功，正是有了进取心和意志力——这种永不停息的自我推动力，才激励着人们向自己的目标前进。对这种激励的需要是我们人生的支柱，为了获得和满足这种需要，我们甚至愿意以放弃舒适和牺牲自我为代价。

向上的力量是每一种生命的本能，不仅存在于所有的昆虫和动物身上，埋在地里的种子中也存在着这样的力量，正是这种力量刺激着它破土而出，推动着它向上生长，向世界展示美丽与芬芳。

这种激励也存在于我们人类的体内，它推动我们去完善自我，去追求完美的人生。

自信能使一个人征服他认为可以征服的东西

对于年轻人，只要时刻让自己的心里充满自信与希望，人生就会丰富而充满激情。

年轻是一种很重要的资源，这种资源专属于青年人。自信能引爆年轻的力量，希望能诠释年轻的真意。充满自信与希望，每个人就都能把握未来。

所以，对于年轻人，自信和敢于希望是必要的，一个人在年轻的时候，宁肯自负一点，也要自信一点。只有学会自信，我们才会有勇气对未来的生活充满希望和憧憬，也只有这样，人生才会丰富而充满激情。

既然"自信和希望是青年的特权"，那我们就应该好好地去享受这份特权，应当摒弃自卑与懦弱的性格。年轻人，应该用足够的时间去做自己想做的事情，用足够的精力与自信去实现自己的目标和希望。这就是年轻人的"特权"，把握住这种独特的优势，不灰心，不退却，前途必然无比明亮。

希望必然是由自信所带来的，所以年轻人学会自信是首要的事情。

一些年轻人之所以缺乏自信甚至自卑，就在于他们对自己有过高的、不切实际的期望。有了愿望却总是无法实现，有了目标却总是达不到，这样就会一次次地信心受打击，甚至迁怒于别人，怨恨社会。事实上只要他们降低期望，把目标定得切合实际，多几次成功，就能够将心态纠正过来。

自信需要不断地实践，并从实践中获得积极的反馈。

自信在于准备充分。心里没底，当然难以积聚信心。准备包括情况的了解、知识的积累、特征信息的收集以及必要的计划、物质和关系准备。但是，高明的领导者往往在情景不明朗、准备不充分的情况下也能够积聚信心，积聚力量，并把信心坚决地表达出去，表现得信心十足，充分地感染下级，让大家同心协力，共渡难关，突破瓶颈。

生活是个两面体，站在一个视点我们可以看到它的阴暗面，站在另外一个视点上，又能看到它积极向上的灿烂一面。这或许是个悖论，但作为年轻人，我们的任务就是去揭示这些悖论，绕开陷阱，把握它朝阳的一面，对自己充满信心，对前途充满希望。

当你因触及生活的阴暗面而感到灰心泄气的时候，请记住这样一句话：我还年轻，我有自信，有希望——这是我的特权！

面对困难，你强它便弱

重要的不是我们身处怎样的环境，而是我们对于所处环境做出的是怎样的反应。你愿意成为强者，困难便会退缩。

一个女儿对她的父亲抱怨，说她的生命是如何痛苦、无助，她是多么想要健康地走下去，但是她已失去方向，整个人惶惶然，只想放弃。她已厌烦了抗拒、挣扎，但是问题似乎一个接着一个，让她毫无招架之力。

父亲二话不说，拉起心爱的女儿，走向厨房。他烧了三锅水，当水沸腾之后，他在第一个锅里放进萝卜，第二个锅里放了一颗蛋，第三个锅则放进了咖啡。

女儿望着父亲，不明所以，而父亲只是温柔地握着她的手，示意她不要说话，静静地看着滚烫的水，以炽热的温度煮着锅里的萝卜、蛋和咖啡。一段时间过后，父亲把锅里的萝卜、蛋捞起来各放进碗中，把咖啡过滤后倒进杯子，问：“你看到了什么？”

女儿说：“萝卜、蛋和咖啡。”

父亲把女儿拉近，要女儿摸摸经过沸水烧煮的萝卜，萝卜已被煮得软烂；他要女儿拿起这颗蛋，敲碎薄硬的蛋壳，她细心地观察着这颗水煮蛋；然后，他要女儿尝尝咖啡，女儿笑起来，喝着咖啡，闻到浓浓的香味。

女儿谦虚而恭敬地问：“爸，这是什么意思？”

父亲解释：这3样东西面对相同的环境，也就是滚烫的水，反应却各不相同：原本粗硬、坚实的萝卜，在滚水中却变软了；这个蛋原本非常脆弱，它那薄硬的外壳起初保护了液体似的蛋黄和蛋清，但是经过滚水的沸腾之后，蛋壳内却变硬了；而粉末似的咖啡却非常特别，在滚烫的热水中，它竟然改变了水。

　　"你呢？我的女儿，你是什么？"父亲慈爱地问虽已长大成人，却一时失去勇气的女儿，"当逆境来到你的面前，你有何反应呢？你是看似坚强的萝卜，痛苦与逆境到来时却变得软弱、失去了力量吗？或者你原本是一颗蛋，有着柔顺易变的心？你是否原是一个有弹性、有潜力的灵魂，但是在经历死亡、分离、困境之后，变得僵硬顽强？也许你的外表看来坚硬如旧，但是你的心灵是不是变得又苦又倔又固执？或者，你就像是咖啡？咖啡将那带来痛苦的沸水改变了，当它的温度高达 100℃时，水变成了美味的咖啡，当水沸腾到最高点时，它就越加美味。如果你像咖啡，当逆境到来的时候，你就会变得更好，而且将外在的一切转变得更加令人欢喜。懂吗，我的宝贝女儿？你要让逆境摧折你，还是你主动改变，让身边的一切变得更美好？"

　　　　　请不要假装很努力，因为结果不会陪你演戏

在人生的道路上，谁都会遇到困难和挫折，就看你能不能战胜它。战胜了，你就是英雄，就是生活的强者。

过去的历史并不重要，重要的是现在与将来

不论过去的我们有着如何不堪的经历，上帝依然爱我们，因为他给予我们的每一天都是崭新的。

位于新泽西州市郊的一座古老小镇上，教学楼最里面一间光线昏暗的教室里，26个孩子被编在同一个班。这些个孩子都有过不光彩的历史：有人进过管教所，有人吸过毒。家长对他们束手无策，老师和学校也几乎对他们失去了信心。

这个时候，一个叫腓娜的女教师被安排担任这个班的辅导老师。新学期开学第一天，腓娜没有像以前的老师那样，首先对这些孩子训斥一顿，给他们来个下马威，而是给孩子们出了一道题：

有这样3个候选人，他们分别是——

A. 迷信巫医，嗜酒如命，有多年的吸烟史。

B. 曾经两次被从办公室赶出来，每天要到吃午饭时才起床，每个晚上都要喝将近1升的白兰地，而且曾经吸食过鸦片。

C. 曾获国家授予的"战斗英雄"称号，有良好的素食习惯，

有艺术天赋，偶尔喝点酒，青年时代从没做过违法的事。

腓娜给大家的问题是：

"倘若我告诉你们，在上面这3人中间，有一位会成为名垂青史的伟人，你们认为最可能是谁？猜想一下，这3个人将来可能会有怎样的命运？"

对于第一个问题，可以想象，孩子们一致把票投给了C；第二个问题，大家也几乎一致认为：A和B将来肯定不会有好的结局，要么成为人人唾弃的罪犯，要么成为需要社会照顾的寄生虫。而C呢，必定是一个品德高尚的人，肯定会成为伟大的人物。

然而，腓娜的答案却大大出乎孩子们的意料。"你们的结论也许符合一般的判断，"她说，"但实际上，你们都错了。这3个人大家都不陌生，他们是第二次世界大战时期的3个大名鼎鼎的人物——A是富兰克林·罗斯福，他身残志坚，是美国历史上唯一一位连任4届总统的伟大人物；B是温斯顿·丘吉尔，拯救了英国的著名首相；C的名字同学们也很熟悉，他是阿道夫·希特勒，一个夺去了几千万无辜生命的法西斯头目。"孩子们都听得目瞪口呆，简直不敢相信自己的耳朵。

"孩子们，"腓娜继续说，"你们的人生才刚刚迈出第一步，过去的错误和耻辱只能说明过去，真正能代表人一生的，是他现在和将来的作为，没有人会是完人，连伟人也会犯错。走出旧日的阴影吧，从今天开始，努力做自己最想做的事情，你们都将成为人人景仰的杰出人才。"

腓娜的这番讲话，使 26 个孩子一生的命运得以改变。多年以后，这些孩子都已长大成人，他们中有的做了法官、有的做了心理医生、有的当了飞机驾驶员。值得一提的是，当年班里那个最爱调皮捣蛋的小个子罗伯特·哈里森，现在也已经成了华尔街最年轻的基金经理人。

"原来我们都觉得自己已经无药可救，因为几乎所有的人都这样看我们。是腓娜老师第一次让我们认清这一点：过去并不是最重要的，重要的是如何把握现在和将来。"孩子们长大后这样说。

命运并非机遇，而是一种选择；我们不该期待命运的安排，而是必须凭自己的努力创造命运。

永不知足才能与成功握手

蔡志忠说："我用 10 年的时间名满天下，赚了 1000 万。倘若重新给我选择的机会，我只用这 10 年去看看高山，听听流水，别的什么也不做。"王蒙说："我更倾向未成名前简简单单的读书生活。"体验了世间百味，经历了无数荣誉与挫折，阅尽了天下事，成功之后总要归于平淡的。

然而，更多的人并没有成功过，却也叫着平平淡淡才是真，这就有点儿自欺欺人了。不成功却喊着追求平淡，其实是无能的一种托词。每个人来到世间时，他只是一张白纸。此后漫漫岁月间，他所做的一切便是为这张白纸增添尽可能多的色彩，一幕绚丽的彩画才是我们最圆满的结局。那些饱尝世上滋味的成功者早已将他的人生画卷涂抹得色彩斑斓，他们归于平静的原因只是想静下心来做一些最后的修改。或许是真的有些倦了，一旦休息时，他会觉得很是惬意，于是便说出了上面的话语。但是倘若真的让时光倒转，大概蔡志忠依旧会不懈地画他的漫画，王蒙仍然会不倦地作他的文章。

将生活变得更丰富、更有意义、更有价值，体验成功的喜悦。这是每个人最基本的愿望。

虽然成功意味着超人的付出，意味着这样或那样的代价……但只有这样，我们才能真正体验到生活的原味，才能使生活中的甜愈甜、苦愈苦、涩愈涩，才能真正地了解生活。

中国有句古语，叫作"知足者常乐"。这句话用在养生上尚有一定道理：你看，"知足常乐"，常知足就常常乐，常常乐就常知足。天天乐呵呵的人，那身体自然也就会好。但这句话用在人的发展上，却是大大的谬误。

因为知足，人们容易满足现状，小富即安、不思进取；因为知足，人们便很容易放弃拼搏与努力，也就失去了继续攀登高峰的动力，不求上进。

克利夫兰曾两度出任美国总统，可他刚开始时只不过是一名商店的售货员，如果当时他满足于现状，以为当好一名站柜台的售货员能够养家糊口便足矣，那么他不可能成为美国总统。

"世界钢铁大王"安德鲁·卡内基出身贫寒，他刚进入企业界时只不过是一名锅炉工，如果他仅仅满足于烧好锅炉，当好锅炉工，那他至多不过是一名称职的锅炉工，不可能成为世界钢铁大王。

福特是一名农庄主的儿子，他的父亲希望他成为一名农民，然而不满足于现状的他却身无分文地跑到了城市里闯世界，经过一番拼搏，终于创立了他的福特王国。

奥里森·马登说过："如果一个青年人的境遇不逼迫他工作，让他感到生活上的不满足，那么他就不会再努力奋斗。"这句话真是精辟。大凡成功人士，无不从"不知足"开始起步。人生对他们来说就是攀登一个又一个的高峰，实现一个又一个一级比一级高的目标的过程。

福特就是一个永不知足的人，在他的领导下，福特汽车不断进行技术创新，开创了福特汽车王国。

在汽车制造史上，流水作业是工业生产的一项创造性的革命，它是提高生产速度的必由之路，也是福特创造性的眼光带来的飞跃。

福特对汽车制造永不满足，在短短的几年时间里，福特不断改进设计，先后生产出A、B、C、F、K、N、R、S八种车型，从两缸到六缸，从八马力到四马力，从有篷到无篷，可以说是做了很大的努力。

当时，福特汽车的质量已经达到一定水准。但是，福特并未满足于已经取得的成功，他的追求是无限的。

有一天，福特告诉他的属下："我在想汽车生产的规格化、标准化……"

"什么是规格化、标准化？"

"如果福特汽车外形、颜色完全统一，这样，买主维修、保养就方便多了，他们也会愿意买我们的车。"

福特不久又有了新构想，他说："公司只是等顾客上门或是由人员销售，市场有限得很，我们可以通过邮局开展邮购业务……"

订单不断地涌来，有时一天就接到1000多份订单。订单之多不仅使销售人员招架不住了，生产人员也撑不住了。

仅仅一年时间，T型车就销售6000辆，除去一切宣传费用外，净利比过去五年还高出200余万元！

福特汽车的大量销售，达到了供不应求的地步。福特汽车再原地踏步，已无法适应新的市场需求。

福特决定扩建工厂，他在底特律海兰德公园购买了一块60英亩的土地，由年轻有为的建筑设计师阿尔巴顿·康负责设计工作。福特指示：新厂房要设计成屠宰业生产线的模式，实行流水作业。

工厂建成以后，工人的生产速度大为增加，福特创造了93分钟生产一辆汽车的新纪录。新厂房竣工之际，由于T型车销售量成倍地增长，只好又把新厂扩大了一倍。T型车自1908年至1927年19年间，一共生产了1500万辆，曾一度占领了68%的世界汽车市场。

福特开始被视为卓越的成功者。他也为自己的成功感到无限喜悦，但他并不满足于此、陶醉于此。他从自己的成功经历中悟出"不停追求，才能不断进取"的真谛。福特迅速成功地进行了从技术设备到员工管理的工业生产革命，从而使他的名字响彻世界。同时，他在汽车界的影响范围也在无限扩大，他几乎成了业界的典范人物。

永不知足，人们才会在实现或达到一个目标以后，给自己制定下一个更高的追求目标，这样才能拥有不畏艰难、敢于拼搏的不竭动力，使成功成为可能；永不知足，人们才会在近期目标达到之后，为自己再制定下一个远期的、更高的目标；永不知足的人，他的意志、品格、力量和决心在不断的拼搏和奋斗中，得到了不断的锻炼和升华。

永不知足是否定现状，不拘泥于旧事物的约束，勇敢地追求更美好的未来，不安于现状，不满足于现状，不停滞于现状。只有永不知足，才能与成功握手。

第四章　扛得住，世界就是你的

——你受的苦，总有一天会照亮你未来的路

我们把世界看错了，反说世界欺骗了我们

在我们这个世界上，许许多多的人都认为公平合理是生活中应有的现象。我们经常听人说："这不公平！""因为我没有那样做，你也没有权利那样做。"我们整天要求公平合理，每当发现公平不存在时，心里便不高兴。应当说，要求公平并不是错误的心理，但是，如果不能获得公平，就会产生一种消极的情绪，这个问题就要注意了。

实际上绝对的公平并不存在，你要寻找绝对公平，就如同寻找神话传说中的宝物一样，是永远也找不到的。这个世界不是根据公平的原则而创造的，譬如，鸟吃虫子，对虫子来说是不公平的；蜘蛛吃苍蝇，对苍蝇来说是不公平的；豹吃狼、狼吃獾、獾吃鼠、鼠又吃……只要看看大自然就可以明白，这个世界并没有绝对的公平。飓风、海啸、地震等都是不公平的，公平只是神话中的概念。人们的生活，快乐或不快乐，是与公平无关的。

这并不是人类的悲哀，只是一种真实情况。

生活不总是公平的，这着实让人不愉快，但却是我们不得不接受的真实处境。我们许多人所犯的一个错误便是为了自己或他人感到遗憾，认为生活应该是公平的，或者终有一天会公平。其实不然，绝对的公平现在不会有，将来也不会有。

承认生活中充满着不公平这一事实的一个好处便是能激励我们去尽己所能，而不再自我伤感。我们知道让每件事情完美并不是"生活的使命"，而是我们自己对生活的挑战，承认这一事实也会让我们不再为他人遗憾。

每个人在成长、面对现实、做种种决定的过程中都会遇到不同的难题，每个人都有遭到不公正对待的时候，承认生活并不总是公平这一事实，并不意味着我们不必尽己所能去改善生活，去改变整个世界；恰恰相反，它正表明我们应该这样做。

当我们没有意识到或不承认生活并不公平时，我们往往怜悯他人也怜悯自己，而怜悯自然是一种于事无补的失败主义情绪，它只能令人感觉比现在更糟。但当我们真正意识到生活并不公平时，我们会对他人和自己怀有同情，而同情是一种由衷的情感，所到之处都会散发出充满爱意的仁慈。当你发现自己在思考世界上的种种不公正时，

可要提醒自己这一基本的事实。你或许会惊奇地发现它会将你从自我怜悯中拉出来，使你采取一些具有积极意义的行动。

　　公平公正能够向往，但不能依赖和强求，不要把堕落的责任推之于他人，更不能自欺欺人！许多不公平的经历我们是无法逃避的，也是无从选择的，我们只能接受已经存在的事实并进行自我调整，抗拒不但能毁了自己的生活，而且还会使自己精神崩溃。因此，人在无法改变不公和不幸的厄运时，只有学会接受它、适应它才能把人生航向掉转过来，才能驶往自己真正的理想目的地。

生命的千疮百孔，是残忍的慈悲

　　"金无足赤，人无完人。"即使是全世界最出色的足球选手，10 次传球，也有 4 次失误；最棒的股票投资专家，也有马失前蹄的时候。我们每个人都不是完人，都有可能存在这样或那样的过失，谁能保证自己的一生不犯错误呢？也许只是程度不同罢了。如果你不断追求完美，对自己做错或没有达到完美标准的事深深自责，那么一辈子都会背着罪恶感生活。

　　过分苛求完美的人常常伴随着莫大的焦虑、沮丧和压抑。事情刚开始，他们就担心失败，生怕干得不够漂亮而不安，这就妨碍了他们全力以赴地去取得成功。而一旦遭遇失败，他们就会异常灰心，想尽快从失败的境遇中逃离。他们没有从失败中获取任何教训，而只是想方设法让自己避免尴尬的场面。

很显然，背负着如此沉重的精神包袱，不用说在事业上谋求成功，在自尊心、家庭问题、人际关系等方面，也不可能取得满意的效果。他们抱着一种不正确和不合逻辑的态度对待生活和工作，他们永远无法让自己感到满足。

张爱玲在她的小说《红玫瑰与白玫瑰》中写了男主角佟振保的爱恋，同时也一针见血地道破了男人的心理以及完美之梦的破灭：白玫瑰有如圣洁的恋人，红玫瑰则是热烈的情人。娶了白玫瑰，久而久之，白玫瑰变成了胸口的一粒白米饭，而红玫瑰则有如胸口的痣痣；娶了红玫瑰，年复一年，红玫瑰则变成了蚊帐上的一抹蚊子血，而白玫瑰则仿佛是床前明月光。

事实上，世界上根本就没有真正的"最大、最美"，人们要学会不对自己、他人苛求完美，对自己宽容一些，否则会浪费掉许许多多的时间和精力，最终只能在光阴蹉跎中悔恨。

世界并不完美，人生当有不足。对于每个人来讲，不完美的生活是客观存在的，无须怨天尤人。不要再继续偏执了，给自己的心留一条退路，不要因为不完美而怨恨自己，不要因为自己的一时之错而埋怨自己。看看身边的朋友，他们没有一个是十全十美的。

完美往往只会成为人生的负担，人绷紧了完美的弦，它却可能发不出优美的声音来。那些爱自己、宽容自己的人，才是生活的智者。

人生有多残酷，你就该有多坚强

成就平平的人往往是善于发现困难的"天才"，他们善于在每一项任务中都看到困难。他们莫名其妙地担心前进路上的困难，这使他们勇气尽失。他们对于困难似乎有惊人的"预见"能力。一旦开始行动，他们就开始寻找困难，时时刻刻等待着困难的出现。当然，最终他们发现了困难，并且被困难击败了。这些人似乎戴着一副有色眼镜，除了困难，他们什么也看不见。他们前进的路上总是充满了"如果""但是""或者"和"不能"。这些东西足以使他们止步不前。

一个向困难屈服的人必定会一事无成，很多人不明白这一点。一个人的成就与他战胜困难的能力成正比。他战胜越多别人所不能战胜的困难，他取得的成就也就越大。如果你足够强大，那么困难和障碍会显得微不足道；如果你很弱小，那么障碍和困难就显得难以克服。有的人虽然知道自己要追求什么，却畏惧成功道路上的困难。他们常常把一个小小的困难想象得比登天还难，一味地悲观叹息，直到失去了克服困难的机会。那些因为一点点困

　　　　　　请不要假装很努力，因为结果不会陪你演戏

难就止步不前的人，与没有任何志向、抱负的庸人无异，他们终将一事无成。

成就大业的人，面对困难时从不犹豫徘徊，从不怀疑自己克服困难的能力，他们总是能紧紧抓住自己的目标。对他们来说，自己的目标是伟大而令人兴奋的，他们会向着自己的目标坚持不懈地攀登，而暂时的困难对他们来说则微不足道。他们只关心一个问题："这件事情可以完成吗？"而不管他们将遇到多少困难，他们都可以克服。

我们随处可见自己给自己制造障碍的人。在每一所学校或公司董事会中都有这样的人。他们总是善于夸大困难，小题大做。如果一切事情都依靠这种人，结果就会一事无成。如果听从这些人的建议，那么一切造福这个世界的伟大创造和成就都不会存在。

一个会取得成功的人也会看到困难，却从不惧怕困难，因为他相信自己能战胜这些困难，他相信一往无前的勇气能扫除这些障碍。有了决心和信心，这些困难又能算得了什么呢？对拿破仑来说，阿尔卑斯山算不了什么。并非阿尔卑斯山不可怕，冬天的阿尔卑斯山几乎是不可翻越的，但拿破仑觉得自己比阿尔卑斯山更强大。

虽然在法国将军们的眼里，翻越阿尔卑斯山太困难了，但是他们那伟大领袖的目光却早已越过了阿尔卑斯山上的终年积雪，看到了山那边碧绿的平原。

乐观地面对困难，多一些快乐，少一些烦恼，你会惊奇地发现，这不仅会使你的工作充满乐趣，还会让你获得幸福。你会发现，自己成了一个更优秀、更完美的人。你用充满阳光的心灵轻松地去面对困难，就能保持自己心灵的和谐。而有的人却因为这些困难而痛苦，失去了心灵的和谐。

请不要假装很努力，因为结果不会陪你演戏

你怎样看待周围的事物完全取决于你自己的态度。每一个人的心中都有乐观向上的力量，它使你在黑暗中看到光明，在痛苦中看到快乐。每一个人都有一块水晶镜片，可以把昏暗的光线变成七色彩虹。

夏洛特·吉尔曼在他的《一块绊脚石》中，描述了一个登山的行者，突然发现一块巨大的石头挡在他的面前，拦住了他的去路。他悲观失望，祈求这块巨石赶快离开。但它一动不动。他愤怒了，大声咒骂，它仍旧纹丝不动。行者无助地坐在这块石头前，突然间他鼓起了勇气，最终解决了困难。用他自己的话说："我摘下帽子，拿起我的手杖，卸下我沉重的负担，我径直向着那可恶的石头冲过去，不经意间，我就翻了过去，好像它根本不存在一样。如果我们下定决心，直面困难，而不是畏缩不前，那么，大部分的困难就根本不算什么困难。"

生命中的痛苦是盐，它的咸淡取决于盛它的容器

从前有座山，山里有座庙，庙里有个年轻的小和尚，他过得很不快乐，整天为了一些鸡毛蒜皮的小事唉声叹气。后来，他对师父说："师父啊！我总是烦恼，爱生气，请您开示开示我吧！"

老和尚说："你先去集市买一袋盐。"

小和尚买回盐后，老和尚吩咐道："你抓一把盐放入一杯水中，待盐溶化后，喝上一口。"小和尚喝完后，老和尚问："味道如何？"

　　小和尚皱着眉头答道："又咸又苦。"

　　然后，老和尚又带着小和尚来到湖边，吩咐道："你把剩下的盐撒进湖里，再尝尝湖水。"小和尚撒完盐，弯腰捧起湖水尝了尝，老和尚问道："什么味道？"

　　"纯净甜美。"小和尚答道。

　　"尝到咸味了吗？"老和尚又问。

　　"没有。"小和尚答道。

　　老和尚点了点头，微笑着对小和尚说道："生命中的痛苦就像盐的咸味，我们所能感受和体验的程度，取决于我们将它放在多大的容器里。"小和尚若有所悟。

　　老和尚所说的容器，其实就是我们的心量，它的"容量"决定了痛苦的浓淡，心量越大烦恼越轻，心量越小烦恼越重。心量小的人，容不得，忍不得，受不得，装不下大格局。有成就的人，往往也是心量宽广的人，看那些"心包太虚，量周沙界"的古圣大德，都为人类留下了丰富而宝贵的物质财富和精神财富。

　　其实，我们每个人一生中总会遇到许多盐粒似的痛苦，它们在苍白的心境下泛着清冷的白光，如果你的容器有限，就和不快乐的小和尚一样，只能尝到又咸又苦的盐水。

　　一个人的心量有多大，他的成就就有多大，不为一己之利去

　　　　　　　请不要假装很努力，因为结果不会陪你演戏

争、去斗、去夺，扫除报复之心和忌妒之念，则心胸广阔天地宽。当你能把虚空宇宙都包容在心中时，你的心量自然就能如同天空一样广大。无论荣辱悲喜、成败冷暖，只要心量放大，自然能做到风雨不惊。

寒山曾问拾得："世间有人谤我、欺我、辱我、笑我、轻我、贱我、骗我，如何处之？"拾得答道："只要忍他、让他、避他、由他、耐他、敬他、不理他，再过几年，你且看他。"如果说生命中的痛苦是无法自控的，那么我们唯有拓宽自己的心量，才能获得人生的愉悦。通过内心的调整去适应、去承受必须经历的苦难，从苦涩中体味心量是否足够宽广，从忍耐中感悟暗夜中的成长。

心量是一个可开合的容器，当我们只顾自己的私欲，它就会愈缩愈小；当我们能站在别人的立场上考虑，它又会渐渐舒展开来。

　　心量是大还是小，在于自己愿不愿意敞开。一念之差，心的格局便不一样，它可以大如宇宙，也可以小如微尘。我们的心，要和海一样，任何大江小溪都要容纳；要和云一样，任何天涯海角都愿遨游；要和山一样，任何飞禽走兽都不排拒；要和土地一样，任何脚印车轨都能承担。这样，我们才不会因一些小事而心绪不宁、烦躁苦闷！

　　把心打开吧，用更宽阔的心量来经营未来，你将拥有一个别样的人生！

如果抱怨能让你抱出金砖来，你就一抱再抱

　　在现实中，我们难免要遭遇挫折与不公正待遇，每当这时，有些人往往会产生不满，不满通常会引起牢骚，希望以此引起更多人的同情，吸引别人的注意力。从心理角度讲，这是一种正常的心理自卫行为。但这种自卫行为同时也是许多人心中的痛，牢骚、抱怨会削弱责任心，降低工作积极性，这几乎是所有人担心的问题。

请不要假装很努力，因为结果不会陪你演戏

通往成功的征途不可能一帆风顺，遭遇困难是常有的事。事业的低谷、种种的不如意让你仿佛置身于荒无人烟的沙漠，没有食物也没有水。这种漫长的、连绵不断的挫折，往往比那些虽巨大但却可以速战速决的困难更难战胜。在面对这些挫折时，许多人不是积极地去找一种方法化险为夷，绝处逢生，而是一味地急躁，抱怨命运的不公平，抱怨生活给予他的太少，抱怨时运的不佳。

奎尔是一家汽车修理厂的修理工，从进厂的第一天起，他就开始喋喋不休地抱怨，"修理这活儿太脏了，瞧瞧我身上弄的"，"真累呀，我简直讨厌死了这份工作了"……每天，奎尔都在抱怨和不满的情绪中度过。他认为自己在受煎熬，就像奴隶一样卖苦力。因此，奎尔每时每刻都窥视着师傅的眼神与行动，稍有空隙，他便偷懒耍滑，应付手中的工作。

转眼几年过去了，当时与奎尔一同进厂的三个工友，各自凭着精湛的手艺，或另谋高就，或被公司送进大学进修，独有奎尔，仍旧在抱怨声中做着他讨厌的修理工。

提及抱怨与责任，有位企业领导者一针见血地指出："抱怨是失败的一个借口，是逃避责任的理由。这样的人没有胸怀，很难担当大任。"仔细观察任何一个管理健全的机构，你会发现，没有人会因为喋喋不休的抱怨而获得奖励和提升。这是再自然不过的事了。想象一下，船上水手如果总不停地抱怨：这艘船怎么这么破，船上的环境太差了，食物简直难以下咽，以及有

一个多么愚蠢的船长。这时，你认为，这名水手的责任心会有多大？对工作会尽职尽责吗？假如你是船长，你是否敢让他做重要的工作？

如果你受雇于某个公司，发誓对工作竭尽全力、主动负责吧！只要你依然还是公司中的一员，就不要谴责它，不要伤害它，否则你在诋毁你的公司的同时，也断送了自己的前程。如果你对公司、对工作有满腹的牢骚无从宣泄时，就做个选择吧。一是选择离开，到公司的门外去宣泄，当你选择留在这里的时候，就应该做到在其位谋其政，全身心地投入到公司的工作上来，为更好地完成工作而努力。记住，这是你的责任。

一个人的发展往往会受到很多因素的影响，这些因素有很多是自己无法把握的，工作不被认同、才能不被重用、职业发展受挫、上司待人不公平、别人总用有色眼镜看自己……这时，能够拯救自己出泥潭的只有自己，与其抱怨不如去改变。

比尔·盖茨曾告诫初入社会的年轻人：社会是不公平的，这种不公平遍布于个人发展的每一个阶段。在这一现实面前，任何急躁、抱怨都没有益处，只有坦然地接受这一现实，并努力去寻求改变的方法，才能扭转这种不公平，使自己的事业有进一步发展的可能。

把眼泪留给最疼你的人，把微笑留给伤你最深的人

一个成功的人，一个有眼光和思想的人，都会感谢折磨自己的人和事，唯有以这种态度面对人生，才能走向成功。

人生活在这个世界上，总会经历这样那样的烦心事，这些事总是会折磨人的心，使人不得安稳。尤其对于刚刚大学毕业的年轻人，他们刚在社会中立足，还未完全成长起来，却要承受社会的种种压力，比如待业、失恋、职场压力等。而且还没有摆脱学生气的他们，本身就是一个脆弱的群体，往往在这些磨砺面前束手无策。

其实，世间的事就是这样，如果你改变不了世界，那就要改变你自己。换一种眼光去看世界，你会发现，所有的"磨砺"其实都是促进你成长的"清新氧气"。

人们往往把外界的磨砺看作人生中消极的、应该完全否定的

东西。当然，外界的磨砺不同于主动的冒险，冒险可以带来一种挑战的快感，而我们忍受磨砺总是迫不得已的。但是，人生中的磨砺总是完全消极的吗？清代金兰生在《格言联璧》中写道："经一番挫折，长一番见识；容一番横逆，增一番气度。"由此可见，那些挫折和折磨对人生不但不是消极因素，还是一种促进你成长的积极因素。

生命是一次次的蜕变过程。唯有经历各种各样的磨砺，才能增加生命的厚度。只有通过一次又一次与各种磨砺的握手，历经反反复复几个回合的较量之后，人生的阅历才会在这个过程中日积月累、不断丰富。

在人生的岔道口，若我们选择了一条平坦的大道，我们可能会有一个舒适而享乐的青春，但我们会失去很好的历练机会；若我们选择了坎坷的小路，我们的青春也许会充满痛苦，但人生的真谛也许因此被我们发现了。

蝴蝶的幼虫阶段是在茧中度过的，当它的生命要发生质的飞跃时，狭小通道对它来讲无疑成了鬼门关，那娇嫩的身躯必须竭尽全力才可以破茧而出。

有人怀了悲悯恻隐之心，企图将那幼虫的生命通道修得宽阔一些，他们用剪刀把茧的洞口剪大。但是，这样一来，所有受到帮助而见到天日的蝴蝶无论如何也飞不起来，只能拖着丧失了飞翔功能的双翅在地上笨拙地爬行！原来，那"鬼门关"般的狭小茧洞恰是帮助蝴蝶幼虫两翼成长的关键所在，穿越的时候，通过

用力挤压，血液才能被顺利输送到蝶翼的组织中去。唯有两翼充血，蝴蝶才能振翅飞翔。人为地将茧洞剪大，蝴蝶的翼翅就没有充血的机会，爬出来的蝴蝶便永远与飞翔无缘。

　　一个人的成长过程恰似蝴蝶的破茧过程，在痛苦的挣扎中，意志得到磨炼，力量得到加强，心智得到提高，生命在痛苦中得到升华。当你从痛苦中走出来时，就会发现，你已经拥有了飞翔的力量。如果没有挫折，也许就会像那些受到"帮助"的蝴蝶一样，萎缩了双翼，平庸一生。

　　失败和挫折，其实并不可怕，正是它们教会我们如何寻找到经验与教训。如果一路都是坦途，那我们也只能沦为平庸。

　　没有经历过风霜雨雪的花朵，无论如何也结不出丰硕的果实。或许我们习惯羡慕他人所获得的成功，但是别忘了，温室的花朵注定经不起风霜的考验。正所谓"台上十分钟，台下十年功"，在光荣的背后一定会有汗水与泪水共同浇铸的艰辛。

所以，一个成功的人，一个有眼光和思想的人，都会感谢磨砺自己的人和事，唯有以这种态度面对人生，才能走向成功。

一生气，你就输了

纵使人生中有再多的磨难和考验，我们也不能像一个充满气的气球一样，"嘭"的一声，就剩下"粉身碎骨"。

气球越是鼓足了气，就越容易爆炸，人也是一样，心里存有太多气，不仅伤心也会伤身。莎士比亚说："不要因为您的敌人燃起一把火，您就把自己烧死。"所以，当我们意识到自己的情绪波动的时候，就应该努力用理智去控制，而不要让自己的情绪随意地发泄出来。

但是，在现实生活中，能够以自己的理智控制情绪的人并不多。通常情况下，我们都是在情绪的左右下生活。有时候，很多事情堆积在一起，就会让我们很生气，甚至到了理智根本无法控制的程度。这个时候，我们不妨给自己找一个"出气口"，让自己的精神得到缓解，也就不会那么生气了。

古时有一个妇人，特别喜欢为一些琐碎的小事生气。她也知

请不要假装很努力，因为结果不会陪你演戏

道自己这样不好，便去求一位高僧为自己谈禅说道，开阔心胸。

　　高僧听了她的讲述，一言不发地把她领到一个禅房中，落锁而去。妇人气得跳脚大骂。骂了许久，高僧也不理会。妇人又开始哀求，高僧仍置若罔闻。妇人终于沉默了。高僧来到门外，问她："你还生气吗？"妇人说："我只为我自己生气，我怎么会到这地方来受这份罪。""连自己都不原谅的人怎么能心如止水？"高僧拂袖而去。过了一会儿，高僧又问她："还生气吗？""不生气了。"妇人说。"为什么？""气也没有办法呀。""你的气并未消逝，还压在心里，爆发后将会更加剧烈。"高僧又离开了。高僧第三次来到门前，妇人告诉他："我不生气了，因为不值得气。""还知道值不值得，可见心中还有衡量，还是有气根。"高僧笑道。

　　当高僧的身影迎着夕阳立在门外时，妇人问高僧："大师，什么是气？"

　　高僧将手中的茶水倾洒于地。妇人视之良久，顿悟。叩谢而去。

　　何苦要气？何苦要拿别人的错误来惩罚自己？人生短短几十年，幸福和快乐尚且享受不尽，哪里还有时间去气呢？所以，我们应该学会消消气，学会控制自己的情绪。在生活中，遇到烦心事在所难免，此时，内心的郁闷、愤怒总想找个地方发泄一下，不然会感到心里憋得慌。找朋友或同学诉说自然是个好方法，但有时有些话不能对别人说，同时怒气也不能往别人身上撒。那怎么办呢？

网球巨星桑普拉斯一次在争夺大满贯杯冠军比赛时，与对手陷入苦战，不料中场休息时，他却在众目睽睽下，手抱浴巾，失声痛哭，原来当年他的启蒙教练兼好友因病亡故，心情已受影响，现在又在比赛中承受如此巨大的压力，因而百感交集地哭泣。有人可能会觉得怎么一个大男人竟会在这种公共场合落泪，然而桑普拉斯之所以能称霸网坛，除了他的球技外，还在于其在情绪及心理的反应上都高人一等，因此他能每每在紧要关头化险为夷，赢得胜利，包括那场比赛。

每个人都有不同的发泄方式，所以选择哭泣也不是什么丢脸的行为。只要我们没有做过伤害别人的事情，没有把别人当成自己的"出气筒"，那么即使满脸泪水又何妨？

粪便是最好的肥料

粪便是脏臭的，如果你把它一直储在粪池里，它就会一直臭下去。但是一旦它遇到土地，情况就不一样了。它和深厚的土地结合，就成了有益的肥料。

有一个人，做过农民，做过木匠，干过泥瓦工，收过破烂，卖过煤球，在感情上受到过欺骗，还打过一场 3 年之久的麻烦官司。他独自闯荡在一个又一个城市里，做着各种各样的活儿，居

请不要假装很努力，因为结果不会陪你演戏

无定所，四处飘荡，经济上也没有任何保障。看起来仍然像一个农民，但是他与乡村里的农民不同的是，他虽然也日出而作，但是不日落而息——他热爱文学，写下了许多诗歌。每每读到他的诗歌，都让人觉得感动，同时惊奇。

"你这么复杂的经历怎么会写出这么柔情的作品呢？"他的朋友曾经问他，"有时候我读你的作品总有一种感觉，觉得只有初恋的人才能写得出。"

"那你认为我该写出什么样的作品呢？"他笑。

"起码应该比这些作品沉重和黯淡些。"

他笑了，说："我是在农村长大的，农村家家都储粪。小时候，每当碰到别人往地里送粪时，我都会掩鼻而过。那时我觉得很奇怪，这么臭这么脏的东西，怎么就能使庄稼长得更壮实呢？后来，经历了这么多事，我发现自己并没有学坏，也没有堕落，就完全明白了粪和庄稼的关系。"

朋友一时没有理解。

他继续说："粪便是脏臭的，如果你把它一直储在粪池里，它就会一直臭下去。但是一旦它遇到土地，情况就不一样了。它和深厚的土地结合，就成了有益的肥料。对于一个人，苦难也就好比粪便。如果把苦难与你精神世界里最广阔的那片土地相结合，它就会成为一种宝贵的养料，让你在苦难中体会到特别的甘甜和美好。"

这个智慧的人，他是对的。土地转化了粪便的性质，他的心灵转化了苦难的意义。在这转化中，每一道沟坎都成了他唇间的洌酒，每一道沟坎都成了他诗句的花瓣。他让苦难醉透，他让苦难芬芳。能够这样生活的人，多么让人钦羡。

吹尽黄沙始见金。生活中，我们要坦然面对苦难，默默地承受苦难，从苦难的积淀中捞出勇气、智慧、韧性，捞出成功的结晶和幸福的喜悦。

只有经过苦难的磨炼，生命的火花才会闪光发亮；只有在苦难中奋进，生命的花朵才会灿烂芬芳。

第五章 你若不勇敢，谁替你坚强

——敢冲，才不枉青春

勇谋大事而失败，强如不谋一事而成功

生命是一连串的奇迹与不可能所组合而成的，未来会如何，没有任何人能把握，冒险才是生命的真谛。

有一天，龙虾与寄居蟹在深海中相遇，寄居蟹看见龙虾正把自己的硬壳脱掉，只露出娇嫩的身躯。寄居蟹非常紧张地说："龙虾，你怎可以把唯一保护自己身躯的硬壳也放弃呢？难道你不怕大鱼一口把你吃掉吗？以你现在的情况来看，连急流也会把你冲到岩石上去，到时你不死才怪呢？"

龙虾气定神闲地回答："谢谢你的关心，但是你不了解，我们龙虾每次成长，都必须先脱掉旧壳，才能生长出更坚固的外壳，现在面对的危险，只是为了将来发展得更好而做出的准备。"

寄居蟹细心思量一下，自己整天只找可以避居的地方，而没有想过如何令自己成长得更强壮，整天只活在别人的护持之下，难怪自己永远都会被限制发展。

每个人都有一定的安全区，你想跨越自己目前的成就，就不要画地为牢。勇于接受挑战、充实自我，才会发展得比想象中更好。

"衰老的重要标志，就是求稳怕变。所以，你想保持年轻吗？你希望自己有活力吗？你期待着清晨能在新生活的憧憬中醒

来吗？有一个好办法——每天都冒一点险。"

在美国优山美地国家公园，有一块垂直高度超过 300 米的大石，几乎是笔直的岩面，寸草不生。除了中段有个很小的岩洞可以栖身过夜外，整块石头可以说是毫无立足之地。只要光顾这里，导游就会指着这块光秃秃的石头对游客说："有一位因登山而失去了双腿的登山者曾经攀上了这块石头。当时电视现场直播，盛况空前。"

这是怎样的一种人，怎样的一种精神！探险，对于当事人来说，并非寻求物质享受。正如张朝阳在珠峰脚下营地的日记所写：

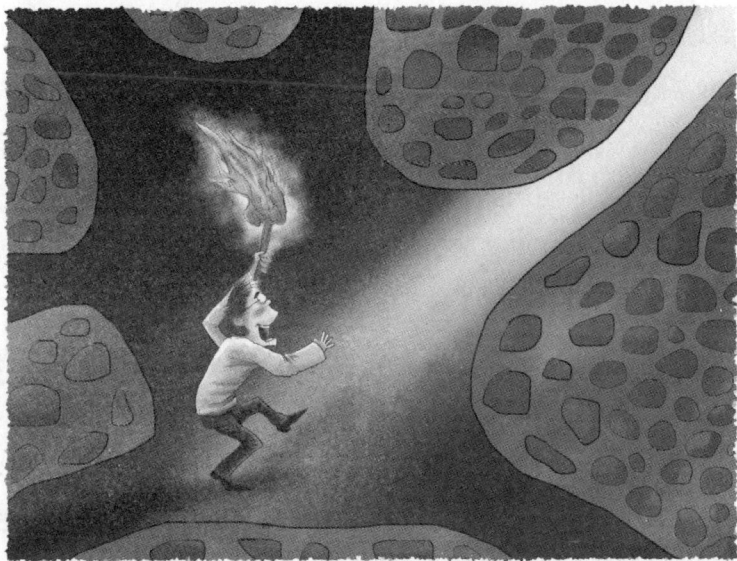

"我开始佩服那些勇敢攀登的人们；单只是虚荣心是无法支撑他们面对如此极端而危险的挑战，在那时刻，你不会想到成功归来的鲜花与喝彩；那……还有什么？那是对人生严肃认真态度的毅然选择！那是内心勇敢乐观的无言明证！那是对人类生命力强大的终极歌颂与赞叹！"

精神的力量，可以散布在人生的每一个角落。而这种体验也是一份生命的感动。

一位主管为了帮助一位长期保持稳定，但一直不愿晋升且无法突破的同事，煞费苦心却无法改变他。

有一天主管换了一种方式，问他的那位同事："倘若你的独生子小学毕业时愿意继续留在原小学，而不愿升初中，理由是：如果这样的话，他就可以一直保持名列前茅的优势，而免除不及格和落后他人的顾虑。身为人父的你，会同意吗？"他不假思索地答道："当然不行，怎么可以因为怕不及格和成绩单不好看而留级呢？上学的目的并不在成绩单，而在不断地学习与成长，考试与竞争的压力正是帮助学习与成长的最好方法。我绝对不会同意小孩留级，这样会害了小孩一辈子的。"

主管在旁边不断地点头微笑。最后话题一转，提醒他说："身教重于言传，你自己应该是勇于接受挑战、突破竞争的时候了，别再担心无法达到目标，和在与同行竞争中落后。如此因噎废食，将使你自己如同不愿升学的小孩，无形中遭到莫大的损失。"这位同事在猛然顿悟之后果然接受忠告，以最快速度晋升高职，如同脱胎换骨一样。

每个人都会担心，怕定高目标后难以达到，但是唯有接受挑战与压力才能不断地突破与成长。因为，勇谋大事而失败，强如不谋一事而成功。

敢输才是真英雄

每个人都希望无论何时何地都站在适合自己的位置，说着该说的话，做着该做的事。但不经过挫折磨炼的人是不可能达到这种境界的，人总是要从自己的经历中汲取经验教训的。所以，做人要输得起。

输不起，是人生最大的失败。

人生就犹如战场。我们都知道，战场上的胜利不在于一城一池的得失，而在于谁是最后的胜利者，人生也是如此，成功的人不应只着眼于一两次成败，而是应该不断地朝着成功的目标迈进。当然，一两次的失败确实可能使你血本无归，甚至负债累累。最要紧的是不应该泄气，而是应该从中吸取教训，用美国股票大亨贺希哈的话讲："不要问我能赢多少，而是问我能输得起多少。"只有输得起的人，才能不怕失败。

当然，我们不一定非要真正经历一次重大的失败，只要我们做好了认识失败的准备，"体验失败"一样能够带来刻骨铭心的教训，而那失败的起点比那些从来没有过失败经历的人要高得多，并且失败越惨痛，起点则越高。

贺希哈 17 岁的时候，开始自己创业，他第一次赚大钱，也是第一次得到教训。那时候，他只有 255 美元。在股票的场外市场做一名投资客，不到一年，他便发了第一次财：他赚了 16.8 万美元。他替自己买了第一套像样的衣服，在长岛买了一幢房子。

随着第一次世界大战的结束，贺希哈以低廉的价格，顽固地买下了隆雷卡瓦那钢铁公司。结果呢？他说："他们把我剥光了，只留下 4000 美元给我。"贺希哈最喜欢说这种话，"我犯了很多错，一个人如果说不会犯错，他就是在说谎。但是，我如果不犯错，也就没有办法学到乖。"这一次，他得到了教训，"除非你了解内情，否则，绝对不要买大减价的东西。"

1942 年，他放弃证券的场外交易，去经营未列入证券交易所买卖的股票生意。起先，他和别人合资经营，一年之后，他开设了自己的贺希哈证券公司。到了 1928 年，贺希哈做了股票投资客的经纪人，每个月可赚到 25 万美元的利润。

但是，比他这种赚钱的本事更值得称道的，就是他能够悬崖勒马，遇到不对劲的情况，能悄悄回顾从前的教训。在 1929 年灿烂的春天，正当他想付 50 万美元，在纽约的证券交易所买股票，不知道什么原因，把他从悬崖边缘拉了回来。贺希哈回忆这件事情说："你知道，当医生和牙医都停止看病，而去做股票投机生

请不要假装很努力，因为结果不会陪你演戏

意的时候，一切就都完了。我能看得出来。大户买进公共事业的股票，又把它们抬高。我害怕了，我在8月全部抛出。"他把股票脱手以后，净得40万美元。

1936年是贺希哈最冒险，也是最赚钱的一年。安大略北方，早在人们淘金发财的那个年代，就成立了一家普莱史顿金矿开采公司。这家公司在一次大火灾中焚毁了全部设备，造成了资金短缺，股票跌到不值5分钱。有一个叫陶格拉斯的地质学家，知道贺希哈是个思维敏捷的人，就把这件事告诉了他。贺希哈听了以后，拿出2.5万美元做试采计划。不到几个月，黄金掘到了，仅离原来的矿坑25英尺。

普莱史顿股票开始往上爬的时候，海湾街上的大户以为这种股票一定会跌下来，所以纷纷抛出。贺希哈却不断买进，等到他买进了普莱史顿大部分股票的时候，这只股票的价格已超过了两马克。

这座金矿，每年毛利达250万美元。贺希哈在他的股票继续上升的时候，把普莱史顿的股票大量卖出，自己留了50万股，这50万股等于他一分钱都没花，白捡来的。

这位手摸到什么东西它便会变成黄金的人，也有他的麻烦。1945年，贺希哈的菲律宾金矿赔了300万，这也使他尝到了另一次教训："你到别的国家去闯事业，一定要把一切情况弄清楚。"

20世纪40年代后期，他对铀发生了兴趣，这比他从前的任何一种事业更吸引他。他研究加拿大寒武纪以前的岩石情况，铀裂变痕迹，也懂得测量放射作用的盖氏计算器。1949 — 1954 年，他在加拿大巴斯卡湖地区，买下了 470 平方英里蕴藏铀的土地，成立第一家私人资金开采铀矿的公司，不久，他聘请朱宾负责他的矿务技术顾问公司。

这是一个许多人探测过的地区。勘探矿藏的人和地质学家都到这块充满猎物的土地上开采过。大家都注意着盖氏计算器的结果，他们认为这里只有很少的铀。

朱宾对于这种理论都同意。但是，他注意到了一些看来是无关紧要的"细节"。有一天，他把一块旧的艾戈码矿苗拿来加以试验，看看有没有铀元素。结果，发现稀少得几乎没有。就这样，他知道自己已经找到了原因。原因就是，土地表面的雨水、雪和硫矿把这盆地中放射出来的东西不是掩盖住就是冲洗殆尽了。而且，盖氏计算器也曾测量出，这块地底下确实藏有大量的铀。他向十几家矿业公司游说，劝他们做一次钻探。但是，大家都认为这是徒劳的。朱宾就去找贺希哈。

1953 年 3 月 6 日钻探开始。贺希哈投资了 3 万美元。结果，在 5 月间一个星期六的早晨，他得到报告说，56 块矿样品里，有 50 块含有铀。

一个人怎样才会成功，这是很难分析的。但是，在贺希哈身上，我们可以分析出一点因素，那就是他自己定的一个简单公式：输得起才赢得起，输得起才是真英雄！

微小的勇气能赢得巨大的成功

美国心理学家斯科特·派克说：不恐惧不等于有勇气；勇气使你尽管害怕，尽管痛苦，但还是继续向前走。在这个世界上，只要你真实地付出，就会发现许多门都是虚掩的！微小的勇气，能够完成无限的成就。

不卑不亢，无论是对事还是对人都有一种极强的穿透力，如果你与生俱来就有这种性格，那么很值得恭贺；如果你还没有养成这种性格，那么尽快培养吧，人的一生很需要它！

有一个国王，他想委任一名官员担任一项重要的职务，就召集了许多孔武有力和聪明过人的官员，想试试他们之中谁能胜任。

"聪明的人们，"国王说，"我有个问题，我想看看你们谁能在这种情况下解决它。"国王领着这些人来到一座大门——一座谁也没见过的最大的门前面。国王说："你们看到的这座门是我国最大最重的门。你们之中有谁能把它打开？"许多大臣见了这门都直摇头，其他一些比较聪明一点的，也只是走近看了看，没敢去开这门。当这些聪明人说打不开时，其他人也都随声附和。只有一位大臣，他走到大门处，仔细检查了大门，用各种方法试着去打开它。最后，他抓住一条沉重的链子一拉，门竟然开了。其实大门并没有完全关死，而是留了一条窄缝，任何人只要仔细观察，再加上有胆量去开一下，都会把门打开的。国王说："你将要在朝廷中担任重要的职务，因为你不只限于你所见到的或听到的，你还有勇气靠自己的力量冒险去试一试。"

史东是"美国联合保险公司"的主要股东和董事长，同时也是另外两家公司的大股东和总裁。

然而，他能白手起家，创造出如此庞大的事业，却是经历了无数次磨难的结果，或者我们可以这样说，史东的发迹也是他有勇气的结果。

在史东还是个孩子时，就为了生计到处贩卖报纸。有家餐馆把他赶出来好多次，他却一再地溜进去，并且手里拿着更多的报纸。那里的客人为其勇气所动，纷纷劝说餐馆老板不要再把他踢出去，并且都掏钱买他的报纸。

史东一而再，再而三地被踢出餐馆，屁股虽然被踢痛了，但他的口袋里却装满了钱。

"哪一点我做对了呢？""哪一点我又做错了呢？""下一次，我该这样做，或许不会挨踢。"史东常常陷入沉思。就这样，他用自己的亲身经历总结出了引导自己达到成功的座右铭："如果你做了，没有损失，而可能有大收获，那就放手去做。"

当史东16岁时，在一个夏天，在母亲的指导下，他走进了一座办公大楼，开始了推销保险的生涯。当他因胆怯而发抖时，他就用卖报纸时被踢后总结出来的座右铭来鼓舞自己。

就这样，他抱着"若被踢出来，就试着再进去"的念头推开了第一间办公室的门。

他没有被踢出来。那天只有两个人买了他的保险。就数量而言，他是个失败者。然而，这是个零的突破，他从此有了自信，不再害怕被拒绝，也不再因别人的拒绝而感到难堪。

第二天，史东卖出了4份保险。第三天，这一数字增加到了6份……

20岁时，史东创立了只有他一个人的保险经纪社。开业第一天，他销出了54份保险单。有一天，他更创造了一个令人瞠目的纪录——122份。以每天工作8小时计算，大约每4分钟就成交一份。

在不到30岁时，他已建立了庞大的史东经纪社，成为令人叹服的"推销大王"。

微小的努力能带来巨大的成功，想想当初，如果史东没有胆量去推开门，那他就不会有今日的成功。

1968年，在墨西哥奥运会百米赛道上，美国选手吉·海因斯撞线后，转过身子看运动场上的计时长牌，当

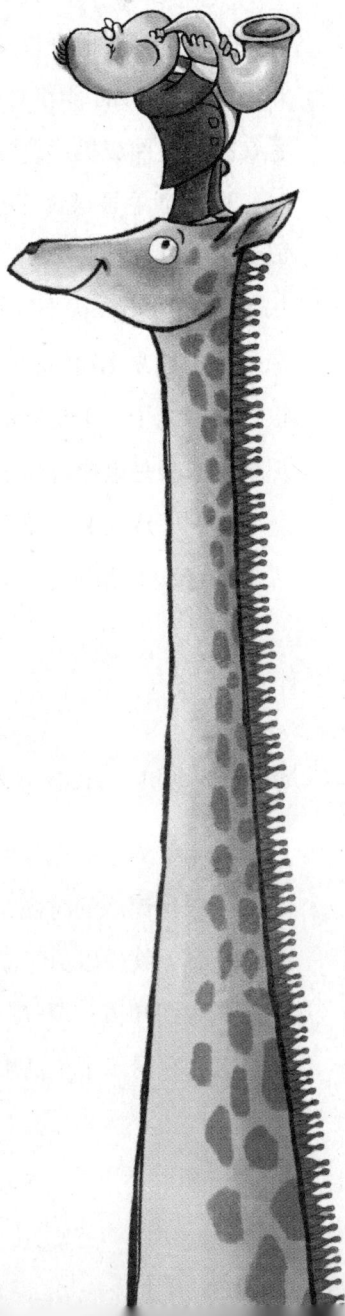

看到指示灯显示 9.95 的字样后，海因斯摊开双手自言自语地说了一句话，这一情景后来通过电视网络，全世界至少有几亿人看到，但由于当时他身边没有话筒，海因斯到底说了什么，谁都不知道。直到 1984 年洛杉矶奥运会前夕，一名叫戴维·帕尔的记者在办公室回放奥运会资料时好奇心发作，找到海因斯询问此事时，这句话才被破译了出来。原来，自欧文斯创造了 10.3 秒的成绩后，医学界断言，人类肌肉纤维承载的运动极限不会超过 10 秒。所以当海因斯看到自己 9.95 秒的纪录之后，自己都有些惊呆了，原来 10 秒这个门不是紧锁的，它虚掩着，就像终点那根横着的绳子。于是兴奋的海因斯情不自禁地说道："上帝啊！那扇门原来是虚掩着的。"

是啊，成功和失败之间就隔着一道虚掩的门，以小小的勇气去推开它，生活就会完全不一样。

勇气在哪里，生命就在哪里

"应当惊恐的时候，是在不幸还能弥补之时；在它们不能完全弥补时，就应以勇气面对。"

当我们知道"勇气"可以代替"快乐"时，我们是幸运的，只是因为它揭示了生活中的一个事实。虽然我们失去了一些东西，

　　　　　请不要假装很努力，因为结果不会陪你演戏

但是，我们同时也有所得。即使我们没有运气，我们也可以有勇气。幸运也是变幻无常的，它会赋予一个人名声，赋予另一个人财富，并且可以毫无理由。勇气却是一个稳定而又可以依靠的朋友，只要我们信任它。

有句古老的谚语说："生来就拥有财富，还不如生来就有好运。"这句话说得也许正确，但是，如果生来就拥有勇气则会更好。财富可能会挥霍一空，好运可能会掉头而去，而勇气则会常伴你左右。

让我们用笑脸来迎接悲惨的厄运，用百倍的勇气来应对一切的不幸。勇气在哪里，成功就在哪里；勇气在哪里，生命就在哪里。

胆识是决战人生的利器

优秀的人需要勇气，需要胆识，需要气魄，需要开拓进取，去做别人不敢做的事。而胆识是一种大智大勇，有了它我们才可以力挽狂澜。

台塑成立之初，碰到了一个极大的难题：公司生产的塑胶粉居然一斤也卖不出去，全部堆积在仓库里。公司创始人王永庆经过调查后，得出结论：产品销不出去的根本原因是价格太贵。

原来，王永庆在计划投资生产塑胶粉时，预计每吨的生产成本在 800 美元左右，而当时的国际行情价是每吨 1000 美元，有利可图。然而，市场是变化无常的，等台塑建成投产后，国际行情价已经跌至 800 美元以下。而台塑因为产量少，每吨生产成本在 800 美元以上，显然不具备竞争力。加上当时外销市场没打开，台湾岛内需求量不大，且觉得台塑的塑胶粉品质欠佳，拒绝采用。因此，台塑的产品严重滞销也就可想而知了。

为了解决这一困境，王永庆决定：扩大生产，降低成本。

在产品严重积压时扩大生产，显然有违常理，因此，王永庆的决定受到公司内外的反对。公司内部的反对意见更是激烈，他们主张请求政府管制进口加以保护，否则，以现有的产量都已经销不出去，增加产量不是会造成更加沉重的库存压力吗？

王永庆认为，靠政府保护是治标不治本的短视行为，要想在市场上长期立足，唯一的办法就是增强自身竞争力。扩大生产虽然不一定能保证成功，但至少强于坐以待毙。

1958 年，在王永庆的坚持下，台塑进行了第一次扩建工程，使月产量在原先 100 吨的基础上翻了一番，达到 200 吨。

然而，在台塑扩建增产的同时，日本许多塑胶厂的产量也在成倍增加，成本降幅比台塑更大。相比之下，台塑公司的产品成本还是偏高，依然不具备市场竞争力。怎么办？王永庆决定继续增产。不过，增产多少呢？如果一点一点往上加，始终落在别人后面，仍然不能改变被动局面，不如一步到位。

请不要假装很努力，因为结果不会陪你演戏

为此，王永庆召集公司的高层干部以及专门从国外请来的顾问共商对策。会上，有人提议，在原来的基础上再增产一倍，即提高至月产量 400 吨；外国顾问则提出增至 600 吨。

王永庆提议：增至 1200 吨。这一数字惊得在场的所有人直发蒙，他们怀疑是不是听错了。

外国顾问再次建议："台塑最初的生产规模只有 100 吨，要进行大规模的扩建，设备就得全部更新。虽然提高到 1200 吨，成本会大大降低，但风险也随之增大。因此，600 吨是一个比较合理而且保险的数字。"他的意见得到大多数人认同。

王永庆坚持认为："我们的仓库里，积压产品堆积如山，究其原因是价格太高。现在，日本的塑料厂月产量达到 5000 吨，如果我们只是小改造，成本下不来，仍然不具备竞争能力，结果只有死路一条。我们现在是骑在老虎背上，如果掉下来，后果不堪设想。应该竭尽全力，将老虎彻底驯服！"

终于，王永庆的胆识与气魄折服了所有的人，包括外国顾问在内，都投了赞成票。

1960 年，台塑的第二期扩建工程如期完成，塑胶粉的月产量增至 1200 吨，成本果然大幅度降低，从而具备了市场竞争的条件。此后，台塑的产品不但逐渐垄断了台湾岛内市场，而且漂洋过海，在国际市场上站稳了脚跟，并逐步拓展领地，成为世界塑胶业的"霸主"。

与众不同的胆识是王永庆抓住机遇、扭转乾坤的最大财富。

在危难的时候，是胆识让人坚定、明智地做出别人不敢做的决定。有位法国哲学家曾经提出这样一个例证：假定有一头驴子站在两堆同样大、同样远的干草之间，如果它不能决定应该先吃哪堆干草，它就会饿死在两堆干草之间。

事实上，现实生活中的驴子是绝对不会在这样的情境中饿死的，它会很快地做出决定。但是，你又不得不承认，真有那么一些人，在需要他们出主意、想办法、做决定的时候，他们却像例子中的驴子那样束手无策，窘迫得进退两难。

在人生旅途中，有许多事需要我们做出决策。

遇事当断则断，当行则行，当止则止，在复杂环境和逆境中能及时做出各种应变和决策，绝不含糊和拖泥带水，这是一个能应付命运挑战的人必备的心理品质。

胆识，是理性的创造，合乎规律的举动。

胆识过人，才会产生惊人的效益，开拓骄人的新局面。

狭路相逢勇者胜

19 世纪，在英国的名门公立学校——哈罗学校，常常会出现以强凌弱、以大欺小的事情。

有一天，一个强悍的高个子男生，拦在一个新生的面前，颐

　请不要假装很努力，因为结果不会陪你演戏

指气使地命令他替自己做事，新生初来乍到，不明白其中"原委"，断然拒绝。高个子恼羞成怒，一把揪住新生的领子，劈头盖脸地打起来，嘴里还骂骂咧咧："你这小子，为了让你聪明点，我得好好开导开导你！"新生痛得龇牙咧嘴，却不肯乞怜告饶。

旁观的学生或者冷眼相看，或者起哄嬉笑，或者一走了之。只有一个外表文弱的男生，看着这欺凌的一幕，眼里渐渐涌出了泪水，终于忍不住嚷起来："你到底还要打他几下才肯罢休？"

高个子朝那个发出抗议的声音的人望去，一看也是个瘦弱的新生，就恶狠狠地骂道："你这个不知天高地厚的家伙，问这个干吗？"

那个新生用眼睛盯着他，毫不畏惧地回答："不管你还要打几下，让我替他忍受一半的拳头吧。"

高个子听到这出人意料的回答，不禁怯懦地停住了手。

从这以后，学校里反抗恶行暴力的声音开始响起，帮助弱者的善举也逐渐增多，两个新生也成了莫逆之交。那位被殴打的少年，深感爱与善的可贵，后来成为英国颇负盛名的大政治家罗伯特·比尔；挺身而出、愿为陌生弱者分担痛苦的，则是扬名全世界的大诗人拜伦。

人生途中，我们也需要像拜伦一样，在别人只是畏惧地逃避，或幸灾乐祸地观看时，能够拿出勇气，为了善，为了爱，也为触动和震撼那些冷漠的心灵。

现实世界的很多斗争都是勇气的较量，常常是勇者得胜。只有具备一颗勇敢的心，我们才能发挥出超过平时双倍的力量，什么都不顾地冲向前方，甚至一鼓作气地到达终点。这就是人们在危急时刻才能爆发出巨大潜力的原因。

我国宋代柳宗元的《黔之驴》中故事是这样的：

黔这个地方本没有驴，有个喜欢多事的人用船运进一头驴来，运来之后却没有什么用途，就把它放在山脚下。一只老虎看到它是个形体高大、强壮的家伙，就把它当成神奇的东西了，隐藏在树林中偷偷观看。过了一会儿，老虎渐渐靠近它，小心翼翼，不知道它究竟是个什么东西。

有一天，驴大叫起来，老虎吓了一大跳，逃得远远的，认为驴子要咬自己了，非常害怕。可是老虎来来回回地观察它，觉得它没有什么特殊本领。渐渐听惯了它的叫声，又试探地靠近它，在它周围走动，但终究不敢向驴进攻。老虎又渐渐靠近驴子，进一步戏弄它，冒犯它。驴禁不住发起怒来，用蹄子踢老虎。老虎因而很高兴，心里盘算着："它的本事不过如此罢了！"于是跳起来大声吼着，咬断驴的喉咙，吃光它的肉，然后才离开。

如果故事中的老虎被驴的叫声吓跑，再也不敢接触它，那老虎就永远不能享受这顿美餐。道理显而易见，面对敌人一定要勇敢，你强他就弱，你弱他就强，很多时候，敌对双方的较量其实就是心理上的较量。缺乏勇气永远不会有大的成就。勇敢面对你的敌人，有时你会发现其实自己并不懦弱，而且还会有超出你想象的强大力量。正如歌德所说：你若失去了财产，你只失去了一点；你若失去了荣誉，你就丢掉了许多；你若失掉了勇敢，你就把一切都失去了！如果你想得到，一定要具有勇敢地面对困难的态度。狭路相逢勇者胜，为了胜利一定要保持勇敢。

敢"秀"才会赢

古人所言"沉默是金"的年代，早已一去不复返，现代人如果不懂适时地包装好自己的形象，把握机会推销自己，就很难有出人头地的机会。

有位有名的才女，不但琴棋书画无所不通，口才与文采也是无人可与之比肩。大学毕业后，在学校的极力推荐下，她去了一家小有名气的杂志社工作。谁知就是这样一个让学校都引以为荣的人物，在杂志社工作不到半年，就被炒了鱿鱼。

原来，在这个人才济济的杂志社内，每周都要召开一次例会，讨论下一期杂志的选题与内容。每次开会很多人都争先恐后地表达自己的观点和想法，只有她总是悄无声息地坐在那里一言不发。她原本有很多好的想法和创意，但是她有些顾虑，一是怕自己刚刚到这里便"妄开言论"，被人认为是张扬，是锋芒毕露；二是怕自己的思路不合主编的口味，被人看作为幼稚。就这样，在沉默中她度过了一次又一次激烈的争辩会。有一天，她突然发现，这里的人们都在力陈自己的观点，似乎已经把她遗忘了。于是她开始考虑要扭转这种局面。但这一切为时已晚，没有人再愿意听她的声音了，在所有人的心中，她已经成了一个没有实力的人。最后，她终因自己的过分沉默而失去了这份工作。

我们常说"沉默是金"，但也不能忘了，沉默同时也是埋没天才的沙土。

或许在某种特殊的场合里，沉默谦逊确实是一种"此时无声胜有声"的制胜利器，但无论如何你也不要把它当作金科玉律来信奉。在人才竞争中，你要将沉默、踏实、肯干、谦逊的美德和善于表现自己结合起来，才能更好地让别人赏识你。

记住：再好的酒也怕巷子深。如果想在现代社会谋得一席之地，除了自己努力之外，还要把握机会适时展现自己的优点。

现在是一个讲究张扬自己个性的时代，尤其是身处职场的人们，在关键时刻恰当地张扬也就是"秀"（show）一下，不失为一个引起领导注意的好办法。

一位刚从管理系毕业的美国大学生去见一家公司的总经理，试图向这位总经理推销"自己"。

由于这是一家很有名气的大公司，总经理又见多识广，根本没把这个初出茅庐、乳臭未干的小伙子放在眼里。没谈上几句，总经理便以不容商量的口吻说："我们这里没有适合你的工作。"

这位大学生并未知难而退，而是话锋一转，柔中带刚地向这位总经理发出了疑问："总经理的意思是，贵公司人才济济，已完全可以使公司得到成功发展，外人纵有天大本事，似乎也无须加以利用。再说像我这种管理系毕业生，是否有成就还是个未知数，与其冒险使用，不如拒之于千里之外，是吗？"

总经理沉默了几分钟，终于开口说："你能将你的情况、想法和计划告诉我吗？"

年轻人似乎很不给面子，他又将了总经理一军："噢！抱歉，抱歉，我方才太冒昧了，请多包涵！不过像我这样的人还值得一谈吗？"

总经理催促着说："请不要客气。"

于是，年轻人便把自己的情况和想法说了出来。总经理听后，态度变得和蔼起来，并对年轻人说："我决定录用你，明天来上班，请保持热情和毅力，好好在我们公司干吧！相信你会有用武之地。"

理性的勇敢才是最值得称道的勇敢

勇敢的定义只有一个，但勇敢的表现却可能多种多样。

有这样一个故事：一位老板招聘雇员，有三人应聘。老板对第一个应聘者说："楼道有个玻璃窗，你用拳头把它击碎。"应聘者执行了，幸亏那不是一块真玻璃，不然他的手就会严重受伤。老板又对第二个应聘者说："这里有一桶脏水，你把它泼到清洁工身上去。她此刻正在楼道拐角处那个小屋里休息。你不要说话，推开门把水泼到她身上就是了。"这位应聘者提着脏水出去，找到那间小屋，推开门，果见一位女清洁工坐在那里。他也不说话，把脏水泼在她头上，回头就走，向老板交差。老板此时告诉他，坐在那里的不过是个蜡像。老板最后对第三个应聘者说："大厅里坐着个胖子，你去狠狠打他两拳。"这位应聘者说："对不起，我没有理由去打他，即便有理由，我也不能打。我因此可能不会

请不要假装很努力，因为结果不会陪你演戏

被您录用，但我也不执行您这样的命令。"此时，老板宣布，第三位应聘者被聘用，理由是他是一个勇敢的人，也是一个理性的人。他有勇气不执行老板的荒唐命令，当然也更有勇气不执行其他人的荒唐的命令了。

戴高乐将军也碰到过这样的勇敢者。那是 1968 年，法国发生民变，巴黎的学生、市民走上街头，要求当时任总统的戴高乐下台。戴高乐黔驴技穷，来到德国的巴登——法军驻德司令部设在这里。戴高乐要求驻德法军司令带兵回到巴黎平息民变。但戴高乐的两次要求都遭到那位驻德法军司令的拒绝，还劝说戴高乐放弃这个命令。后来戴高乐非常感谢那位司令，称赞那位司令勇敢地拒绝执行他的命令。他还写信给那位司令的妻子，说这是上帝在他无能为力时让他来到巴登，又是上帝让他碰到那位司令。不然，他就可能是历史的罪人了。

三个应聘者，前两个坚决执行老板的命令，好像也无可厚非；但后一个拒绝执行老板的荒唐的命令，则更值得赞誉。至于驻德法军的那位司令，敢于拒绝执行当时作为法国总统戴高乐的有违民意、有违民主原则和精神的命令，就更难能可贵了。所以勇敢不勇敢，不只是一种行为的体现，其中也包含着理性，包含着道义。没有理性的、缺乏理性的勇敢，没有道义的、缺乏道义的勇敢，不一定就是真勇敢。

在我们这个世界上，就勇敢而言，绝对执行命令的勇敢多，而敢于抗拒执行荒唐命令的勇敢少。这是因为权力者一般都竭力提倡、培养、制造绝对执行这种勇敢，而对敢于抗拒自己荒唐命令的勇敢则深恶痛绝，即便他发现自己的荒唐以后，对那些敢于抗拒自己荒唐的勇敢者也绝不宽恕。以至有些明明是错误的东西，是荒谬的东西，是反科学的东西，是违法乱纪的东西，因为是权力者指使，因为有权力者撑腰，有的人也敢去执行，也敢去做。

勇敢是一个褒义词，它所体现的是一种美好品德。人们教育孩子要做勇敢的好孩子。但勇敢确实又还有一个是与非的前提。勇敢不是盲从，不分是非的、没有理性的绝对执行命令的勇敢是一种可怕的勇敢，也是一种愚蠢的勇敢，更是一种专制者欣赏和欢迎的勇敢。而坚持真理，敢于同谬误、荒唐、发疯对抗的勇敢才是最值得称道的勇敢。

第六章 会选择，才有未来

—— 往事不回头，未来不将就

今天的放弃，是为了明天的得到

生活就是这样，很多时候鱼和熊掌不可兼得。这就要求我们要懂得放弃，因为有"舍"才会有"得"，美国大财团洛克菲勒家族用实际行动给我们诠释了这一智慧。

第二次世界大战的硝烟刚刚散尽，以美、英、法为首的战胜国首脑们几经磋商，决定在美国纽约成立一个协调处理世界事务的联合国。一切准备就绪后，大家才发现，这个全球至高无上、最权威的世界性组织，竟没有自己的立足之地。

买一块地皮，刚刚成立的联合国机构还身无分文。让世界各国筹款，牌子刚刚挂起，就要向世界各国搞经济摊派，负面影响太大。况且刚刚经历了战争的浩劫，各国政府都国库空虚，许多国家财政赤字居高不下，在寸土寸金的纽约筹资买下一块地皮，并不是一件容易的事情。联合国对此一筹莫展。

听到这一消息后，美国著名的家族财团洛克菲勒家族经商议，果断出资 870 万美元，在纽约买下一块地皮，将这块地皮无条件地赠予了这个刚刚挂牌的国际性组织——联合国。同时，洛克菲勒家族亦将毗邻的地皮全部买下。

对洛克菲勒家族的这一出人意料之举，美国许多大财团都吃惊不已。870 万美元，对于战后经济萎靡的美国和全世界，都是一笔不小的数目，而洛克菲勒家族却将它拱手赠出，并且什么条件也没有。这条消息传出后，美国许多财团主和地产商都纷纷嘲笑说："这简直是蠢人之举！"并纷纷断言："这样经营用不上十年，著名的洛克菲勒家族财团，便会沦落为著名的洛克菲勒家族贫民集团！"

但出人意料的是，联合国大楼刚刚建成完工，周围的地价便立刻飙升起来，相当于捐赠款数十倍近百倍的巨额财富源源不断地涌进了洛克菲勒家族。这种局面，令那些曾经讥讽和嘲笑过洛克菲勒家族捐赠之举的财团和商人目瞪口呆。

这是典型的"因舍而得"的例子。如果洛克菲勒家族没有做出"舍"的举动，勇于牺牲和放弃眼前的利益，就不可能有"得"

的结果。放弃和得到永远是辩证统一的。然而，现实中许多人却执着于"得"，常常忘记了"舍"。要知道，什么都想得到的人，最终可能会为物所累，导致一无所获。

生活就是如此，如果你不可能什么都得到的时候，那么就应该学会舍弃，生活有时候会迫使你交出权力，不得不放走机会和恩惠。然而我们要知道，舍弃并不意味着失去，因为只有舍弃才会有另一种获得。

与其抱残守缺，不如断然放弃

我们常听到人们如此哀叹："要是……就好了！"这是一种明显的内疚、悔恨情绪，而我们每个人都会不时地发出这种哀叹。

悔恨不仅是对往事的关注，也是由于过去某件事产生的现时惰性。如果你由于自己过去的某种行为而到现在都无法积极生活，那便成了一种消极的悔恨了。吸取教训是一种健康有益的做法，也是我们每个人不断取得进步与发展的重要方法。悔恨则是一种不健康的心理，它会白白浪费自己目前的精力。实际上，仅靠悔恨是无法解决任何问题的。

爱默生经常以愉快的方式来结束每一天。他告诫人们："时光一去不返，每天都应尽力做完该做的事。疏忽和荒唐事在所难免，要尽快忘掉它们。明天将是新的一天，应当重新开始，振作精神，不要使过去的错误成为未来的包袱。"

要成为一个快乐的人，重要的一点是学会将过去的错误、罪恶、过失通通忘记，努力向着未来的目标前进。

印度圣雄甘地在行驶的火车上，不小心把刚买的新鞋弄掉了一只，周围的人都为他惋惜。不料甘地立即把另一只鞋从窗口扔了出去，这一举动让人大吃一惊。甘地解释道："这一只鞋无论多么昂贵，对我来说也没有用了，如果有谁捡到一双鞋，说不定还能穿呢！"

显然，甘地的行为已有了价值判断：与其抱残守缺，不如断然放弃。我们都有过失去某种重要东西的经历，且大都在心里留下了阴影。究其原因，就是我们并没有调整心态去面对失去，没有从心理上承认失去，总是沉湎于已经不存在的东西。事实上，与其为失去的东西懊恼，不如正视现实，换一个角度想问题：也许你失去的，正是他人应该得到的。

卡耐基先生有一次曾造访希西监狱，他对狱中的囚犯看起来竟然很快乐感到惊讶。监狱长罗兹告诉卡耐基：犯人入狱后都认命地服刑，尽可能快乐地生活。有一位花匠囚犯在监狱里一边种着蔬菜、花草，还一边轻哼着歌呢！他哼唱的歌词是：

事实已经注定，事实已沿着一定的路线前进，

痛苦、悲伤并不能改变既定的情势，

也不能删减其中任何一段情节，

当然，眼泪也无济于事，它无法使你创造奇迹。

那么，让我们停止流无用的眼泪吧！

既然谁也无力使时光倒转，不如抬头往前看。

令人后悔的事情，在生活中经常出现。许多事情做了后悔，不做也后悔；许多人遇到了后悔，错过了更后悔；许多话说出来后悔，不说出来也后悔……人生没有回头路，也没有后悔药。过去的已经过去，你再无法重新设计。一味地后悔，会让你错过未来的美好时光，给未来的生活增添阴影。

只要你心无挂碍，什么都看得开、放得下，何愁没有快乐的春莺在啼鸣，何愁没有快乐的泉溪在歌唱，何愁没有快乐的白云在飘荡，何愁没有快乐的鲜花在绽放！所以，放下就是快乐，不被过去所纠缠，这才是豁达的人生。

错过花朵，你将收获雨滴

生活中有一种痛苦叫错过。人生中一些极美、极珍贵的东西，常常与我们失之交臂，这时，我们总会因为错过美好而感到遗憾和痛苦。其实，喜欢一样东西不一定非要得到它，俗话说："得不到的东西永远是最好的。"当你为一分美好而心醉时，远远地欣赏它或许是最明智的选择，错过它，或许还会给你带来意想不到的收获。

美国哈佛大学要在中国招一名学生，这名学生的所有费用由美国政府全额提供。初试结束了，有 30 名学生成为候选人。

考试结束后的第 10 天，是面试的日子。30 名学生及家长云集锦江饭店，等待面试。当主考官劳伦斯·金出现在饭店的大厅时，一下子被大家围了起来，他们用流利的英语向他问候，有的甚至还迫不及待地向他做自我介绍。这时，只有一名学生，由于起身晚了一步，没来得及围上去，等他想接近主考官时，主考官的周围已经是水泄不通了，根本没有插空而入的可能。

于是他错过了接近主考官的大好机会，他觉得自己也许已经错过了机会，于是有些懊丧。正在这时，他看见一个外国女人有些落寞地站在大厅一角，目光茫然地望着窗外，他想：身在外国的她是不是遇到了什么麻烦，不知自己能不能帮上忙。于是他走过去，彬彬有礼地和她打招呼，然后向她做了自我介绍，最后他问道："夫人，您有什么需要我帮助的吗？"接下来两个人聊得非常投机。

后来这名学生被劳伦斯·金选中了，在 30 名候选人中，他的成绩并不是最好的，而且面试之前他错过了加深自己在主考官心目中印象的最佳机会，但是他却"无心插柳柳成荫"。原来，那位外国女子正是劳伦斯·金的夫人。

这件事曾经引起很多人的震动：原来错过了美丽，收获的并不一定是遗憾，有时甚至可能是圆满。

许多心情可能只有经历过才会懂得，如感情，痛过了之后才会懂得如何保护自己，傻过了之后才会懂得适时地坚持与放弃。在得到与失去的过程中，我们慢慢地认识自己，其实生活并不需要这些无谓的执着，没有什么是真的不能割舍的，学会放弃，生活会更容易！

因此，在你感觉到人生处于最困顿的时刻，也不要为错过而惋惜。失去往往也会带给你意想不到的收获。花朵虽美，但毕竟有凋谢的一天，请不要再对花长叹了。因为可能在接下来的时间里，你将收获雨滴的温馨和细雨绵绵的浪漫。

勇于选择，果断放弃

生活中，左右为难的情形会时常出现：比如面对两份具有诱惑力的工作，两个具有魅力的追求者。为了得到其中"一半"，你必须放弃另外"一半"。若过多地权衡，患得患失，到头来将两手空空，一无所得。我们不必为此感到悲伤，能抓住人生"一半"的美好已经是很不容易的事情。

两个朋友一同去参观动物园。动物园非常大，他们的时间有限，不可能参观到所有动物。他们便约定：不走回头路，每到一个路口，选择其中一个方向前进。

第一个路口出现在眼前时，路标上写着一侧通往狮子园，一侧通往老虎山。他们琢磨了一下，选择了狮子园，因为狮子是"草原之王"。又到一处路口，分别通向熊猫馆和孔雀馆，他们选择了熊猫馆，熊猫是"国宝"……

他们一边走，一边选择。每选择一次，就放弃一次，遗憾一次。

因为时间不等人，如不这样做，他们的遗憾将更多。只有迅速做出选择，才能减少遗憾，得到更多的收获。

面对选择和取舍时，必须要有理性、睿智和远见卓识，不可鼠目寸光，不可急功近利，更不可本末倒置，因小失大。选择不是一锤子买卖，不能因为一粒芝麻丢了西瓜；不能因为留恋一棵小树而失去整片森林。

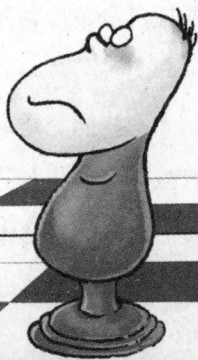

很多时候，我们总是想选择这个的时候，却害怕错过那个，于是拿起来又放下，到最后一刻还在犹豫，这个会有这样的缺点，那个会有那样的不足，所以总迟迟下不了决心，或者选择之后，又来回地更改，在这样患得患失间耽误了不少时间，浪费了不少精力。世界上没有一个十全十美的东西让你选择，每一样东西都会有它自身的弱点，所以，当你选择之后就大胆地往前走，而不是一步三回头，这在很大程度上影响了前进的速度。

而那些事业有成之士，总会在抉择之后一直走下去。

鲁迅在拯救人的灵魂和人的身体之间选择，成为一代文豪；迈克尔·乔丹放弃了棒球运动员的梦想，成为世界篮坛上最耀眼的"飞人"；帕瓦罗蒂放弃了教师职业，成为名扬世界的歌坛巨星……

有些选项看似诱人，但如果不适合自己，那就要果断舍弃。做出什么样的选择，要视自身条件和具体情况而定，要有主见，不能人云亦云。

人生的多数时候，无论我们怎样审慎地选择，终归都不会是尽善尽美，总会留有缺憾，但缺憾本身也是一种美。

社会大舞台上，每个人都是自己生活和生存方式的编导兼演员。只有学会正确地进行选择，果敢地做出舍弃，才能演绎出精彩的人生喜剧。

紧紧攥住黑暗的人永远都看不到阳光

很多人都希望自己获得更多，却不愿意将自己已经获得的东西放手。可是生活常常是这样：如果不舍弃黑暗，就看不到阳光；如果不舍弃小的利益，就换不来更大的收益。

1984 年以前，青岛电冰箱厂生产的冰箱按产品质量分为一等品、二等品、三等品、等外品 4 类。原因就是在那个时候中国刚刚改革开放，物品缺乏造成冰箱的市场非常好，只要产品还能用，就可以堂而皇之地送出厂门，而且绝对有市场，绝对卖得掉。就连等外品都能够销售得出去。实在卖不了的产品，就分配给一些员工自用，或者送货上门半价卖掉。

然而，在 1985 年 4 月事情发生了改变。张瑞敏收到一封用户的投诉信，投诉海尔冰箱的质量问题。于是，张瑞敏来到工厂仓库里，把 400 多台冰箱全部做了检查之后，发现有 76 台冰箱不合格。为此，恼火的张瑞敏很快找到检查部，让他们看看这批冰箱怎么处理。他们说既然已经这样，就内部处理算了。因为以前出现这种情况都是这么办的，加之当时大多数员工家里都没有冰箱，即使有一些质量上的问题也不是不能用呀。张瑞敏说："如果这样的话，就是说还允许以后再生产这样的不合格冰箱。这么办吧，你们检查部门搞一个劣质工作、劣质产品展览会。"于是，他们搞了两个大展室，展室里面摆放着那些劣质零部件和那 76

台不合格的冰箱，通知全厂职工都来参观。员工们参观完以后，张瑞敏把生产这些冰箱的责任者和中层领导留下，并且问他们，你们看怎么办？结果大多数人的意见都是说内部处理了。

但是，张瑞敏却坚持说，这些冰箱必须就地销毁。他顺手拿了一把大锤，照着一台冰箱就砸了过去。然后把大锤交给了责任者，转眼之间，把76台冰箱全都砸烂了。

当时，在场的人都流泪了。一台冰箱当时卖800多元钱，员工每个月的工资才40多元钱，一台冰箱就是他们两年的工资呀！

这件事情以后，员工们树立起了一种新观念，谁生产了不合格的产品，谁就是不合格的员工。这种观念使员工们的生产责任心迅速增强，在每一个生产环节都不敢马虎，精心操作。"精细化，零缺陷"变成全体员工发自内心的心愿和行动，从而使企业奠定了扎实的质量管理基础。

经过 4 年的艰苦努力，也就是 1988 年 12 月，海尔获得了中国电冰箱市场的第一枚国内金牌，把冰箱做到了全国第一。

如果当年海尔人都攥着眼前的利益不放，不肯砸烂那些不合格的冰箱，那么，就不会有海尔集团日后的崛起，更不会有如今的声誉。可见，只有肯舍弃的人，才可能获得更多。那些紧紧攥着手里的东西不放的人，也只能是故步自封，得不到更好的发展。

不舍弃鲜花的绚丽，就得不到果实的香甜

社会发展的速度很快，诱惑随之增多，很多人在诱惑面前停下了自己的脚步。面对层出不穷的诱惑，很多人忘记了自己的方向，在旋涡中纠缠不止、平庸一生。

其实，人生的"口袋"只能装载一定的重量，人的前进过程就是一个不断舍弃的过程。没有舍弃，你就有可能被沉重的包袱拖累滞留在前进的途中。

拉斐尔 11 岁那年，一有机会便去湖心岛钓鱼。在鲈鱼钓猎开禁前的一天傍晚，他和妈妈早早来钓鱼。装好诱饵后，他将鱼

线甩向湖心，湖水在落日余晖下泛起一圈圈的涟漪。

忽然，钓竿的另一头沉重起来。他知道一定有大家伙上钩，急忙收起鱼线。终于，拉斐尔小心翼翼地把一条竭力挣扎的鱼拉出水面。好大的鱼啊！它是一条鲈鱼。

月光下，鱼鳃一下一下地翕动着。妈妈打亮小电筒看看表，已是晚上10点——距允许钓鲈鱼的时间还差两个小时。

"你得把它放回去，儿子。"母亲说。

"妈妈！"孩子哭了。

"还会有别的鱼的。"母亲安慰他。

"再没有这么大的鱼了。"孩子伤感不已。

他环视了四周，已看不到一个鱼艇或钓鱼的人，但他从母亲坚决的表情知道不可更改。暗夜中，那条鲈鱼抖动着笨重的身躯慢慢游向湖水深处，渐渐消失了。

这是很多年前的事了，后来拉斐尔成为纽约市著名的建筑师。他确实没再钓到那么大的鱼，但他却为此终身感谢母亲。因为他通过自己的诚实、勤奋、守法，猎取到生活中的大鱼——事业上成绩斐然。

自然界是美丽的，人生也是绚丽的。在几十年的漫漫旅途中，有山有水，有风有雨，有舍弃"绚丽"和"温馨"的烦恼，也有获得"香甜"和"明艳"的喜悦，人生就是在舍弃和获得的交替中得到升华，从而到达新的境界。从这个意义上来说，获得很美好，舍弃也很美丽。

人是有思维会说话的"万物之灵",懂得生活中舍弃与获得的道理,必要的舍弃是为了更好地获得。

有人说,人生之难胜过逆水行舟,此话不假。人生在世界上,不如意的事情十之八九,获得和舍弃的矛盾时刻困扰着我们,明白了舍弃之道和获得之法,并运用于生活,我们就能从无尽的繁难中解脱出来,在人生的道路上进退自如。

收获的代价就是学会放弃

一个人的精力总是有限的,然而人的欲望却是没有底线的,什么都不愿意放弃的人,往往会被欲望冲昏头脑。我们每个人都面临着很多的诱惑,不可能一切美好的事物都归自己所有。学会放弃的人,才能让自己过得更加轻松、自在。

有一个聪明的年轻人,很想在各个方面都比他身边的人强,他尤其想成为一名大学问家。可是,许多年过去了,他的其他方面都不错,学业却没有长进。他很苦恼,就去向一位大师求教。

大师说:"我们登山吧,到山顶你就知道该如何做了。"

那山上有许多晶莹的小石头,煞是迷人。只要见到年轻人喜欢的石头,大师就让他装进袋子里背着,很快他就吃不消了。

"大师,再背,别说到山顶了,恐怕连动也不能动了。"他疑惑地望着大师。"是呀，那该怎么办呢？"大师微微一笑，"该放下，不放下，背着石头怎么能登山呢？"大师笑了。

年轻人一愣，忽觉心中一亮，向大师道了谢，走了。之后他一心做学问，进步飞快……

经过大师的指点，年轻人心中顿悟，如果要把所有自己喜欢的东西悉数收入囊中，一旦遇到对自己最重要的东西，才发现自己已经无法承载。可见，要想人生取得更大的成就，就要学会舍得放弃一些对自己来说并不重要的东西。

如今，职场的竞争日益激烈。大学毕业后的小林进入公司工作已经五年了。虽说已经是部门经理，但是由于新技术、新产品不断出现，他经常会感到自己的知识结构老化，力不从心。尤其是最近新入职的员工都已经是研究生学历了，更增加了他的危机感。所以，他也打算读在职研究生提升自己的知识层次。然而，过了半年，他发现自己总是被各种各样的事情所缠绕。工作之余，要么有人约他出去唱歌，要么是各种各样的聚餐，再有就是出去旅游。总之，经常疲于应付这些事情，根本抽不出时间来集中精力学习。

时间一晃，又是一年过去了。小林冷静下来，认真审视了自己每天的日程安排，发现自己在无关紧要，甚至是毫无意义的事情上浪费了太多的时间和精力。反倒把应该用于学习的时间给挤占了。这使小林下定决心，必须要改变现状，专心来应对学习，否则就会一事无成。

　　时间是最公平的，平等地给予了每个人同样的一天和同样的24小时。然而，在同样的时间内，每个人取得的成绩差异却很大。究其原因，对事情的取舍就是其中之一。可以尝试着把自己每天的日程表列出来，再看看每天在这些事情上所投入的时间和精力，很可能会让你大吃一惊。原来，一些毫无意义的事情竟然占用了如此多的时间。如果把这些宝贵的时间分配到重要的事情上来，我们可能会取得更好的成绩。这就给了我们一个启发，要放弃一些无关紧要的事情。这里的放弃是要有选择性、有目的性地放下一些事情，即所谓的舍得有方。

　　有舍才会有得。当你收获了价值更大、更为重要的成果时，你会明白收获的代价就是学会放弃。

　　人生很多时候需要自觉地放弃，因为世间还有太多美好的事物。对没有拥有的美好，我们一直在苦苦地向往与追求，为了获

　　　　　　　请不要假装很努力，因为结果不会陪你演戏

得而忙忙碌碌，为此疲了身累了心。其实自己真正所需要的，往往要在经历许多年后才明白，所以对有些东西及早地放弃，也是明智的选择。

人生有时是不快乐的。因为拥有的时候，我们也许正在失去；而放弃的时候，我们也许又在重新获得。对万事万物，我们不可能有绝对的把握。所以既然有些事情我们无法控制，那只好放弃。

生命需要升华出安静超然的精神，明白的人懂得放弃，真情的人懂得牺牲，幸福的人懂得超脱。

不要害怕放弃美好的东西

人生在世，有许多东西是需要不断放弃的。在仕途中，放弃对权力的追逐，随遇而安，得到的是宁静与淡泊；在淘金的过程中，放弃对金钱无止境的掠夺，得到的是安心和快乐；在春风得意、身边美女如云时，放弃对美色的占有，得到的是家庭的温馨和美满。

苦苦地挽留夕阳，是愚人；久久地感伤春光，是蠢人。什么也不放弃的人，往往会失去更珍贵的东西。放弃是一种境界，大弃大得，小弃小得。

"得"与"失"总是形影不离。俗话说："万事有得必有失。"

得与失就像小舟的两支桨、马车的两个轮，相辅相成。失去春天的葱绿，却能收获丰硕的金秋；失去阳光的灿烂，却能收获小雨的缠绵……佛家讲："舍得，舍得，有舍才有得。"失去是一种痛苦，但也是一种幸福。

国王有 5 个女儿，这 5 位美丽的公主是国王的骄傲。她们那一头乌黑亮丽的长发远近皆知，所以国王送给她们每人 10 个漂亮的发夹。有一天早上，大公主醒来，一如往常地用发夹整理她的秀发，却发现少了一个发夹，于是她偷偷地到二公主的房里，拿走了一个发夹。

当二公主发现自己少了一个发夹，便到三公主房里拿走一个发夹；三公主发现少了一个发夹，也如法炮制地拿走四公主的一个发夹；四公主只好拿走五公主的发夹。于是，最小的公主的发夹只剩下 9 个。

隔天，邻国英俊的王子忽然来到皇宫，他对国王说："昨天我养的百灵鸟叼回一个发夹，我想这一定是属于公主们的，而这也真是一种奇妙的缘分，不知道百灵鸟叼回的是哪位公主的发夹？"

公主们听到了这件事，都在心里说："是我掉的，是我掉的。"可是自己头上明明完整地别着十个发夹，所以都懊恼得很，却说不出口。只有小公主走出来说："我掉了一个发夹。"话才说完，一头漂亮的长发因为少了一个发夹，全部披散下来，王子不由得看呆了。

故事的结局，当然是王子与公主从此一起过着幸福快乐的日子。

这个故事告诉我们：如果你不可能什么都得到，那么你应该学会舍弃。生活有时会逼迫你不得不交出权力，不得不放走机遇，甚至不得不抛下爱情。然而，舍弃并不意味着失去，因为只有舍弃才会有另一种获得。

要想采一束清新的山花，就得舍弃城市的舒适；要想做一名登山健儿，就得舍弃娇嫩白净的肤色；要想穿越沙漠，就得舍弃咖啡和可乐；要想获得掌声，就得舍弃眼前的虚荣。梅、菊放弃安逸和舒适，才能得到笑傲霜雪的艳丽；大地舍弃绚丽斑斓的黄昏，才会迎来旭日东升的曙光；春天舍弃芳香四溢的花朵，才能走进硕果累累的金秋；船舶舍弃安全的港湾，才能在深海中收获满船鱼虾。

生命之舟不可超载。人生要学会放弃，并敢于放弃一些东西，因为，生命之舟不可超载。"水往低处流是为了积水成渊，降落是为了新的起飞，所以我喜欢一次次将自己打入谷底。"

下文是北京某饭店老板王欣在一次接受媒体采访时的一段经典语录。他的职业生涯确实也证明了他"放弃"与"再次起飞"的哲学。

"我是 1987 年从大学毕业的，学的是外贸英语专业。我被分配到一家大型国有企业。那是一份很安逸、令很多人羡慕的工作。可是没多久，我就很苦恼。那是一成不变的日子，这样的日子让我感到很压抑，我不甘心自己的热情被一点点地吞噬。

"苦恼归苦恼，但是真要作出抉择还是要下很大决心的。因为生活在体制中，它会给人一种安全感，虽然这种安全感是要付出代价的。在犹豫不决中过了 3 年后，我终于下决心离开，因为如果再耗下去，我可能就会失去离开的决心和重新开始的信心。"

这在当时来讲，无疑是疯狂而没有理智的表现。因为王欣的辞职无异于自己将自己打到了最底层：一个没有单位，没有固定工资，没有任何社会保障的境地。

不久，她去了一家在北京的英国公司。上班的第一天，公司负责人将王欣叫到他的办公室，将两盒印有她名字的名片和一张飞机票交给她说："公司派你去上海开辟市场，你明天就走。"

王欣一下就蒙了，没想到刚上班，就给了她这么一个艰巨的任务，而且公司负责人说："你什么时候把上海市场打开了，什么时候回来。"这其实是给她下了军令状，她没有退路了。人就是这样，当知道自己没有退路时，反而会激发出连自己都难以想象的能量。在上海的那两年，她虽然很辛苦，但她将自己逼上了巅峰——她成功了。

生活中没有绝对的对与错，所谓的对与错很大程度取决于你的价值取向。我们必须在纷繁琐碎中学会搜索与选择，如果我们不喜欢某个选择或结果，就应该立刻摒弃，重新进行新一轮的选择并获得新的结果。

请不要假装很努力，因为结果不会陪你演戏

第七章　你所谓的稳定，不过是在浪费生命

——人生最大的失败不是跌倒，而是从来不敢奔跑

真正的强者，不是没有眼泪的人，而是含着眼泪奔跑的人

人生常常被痛与苦包围。一次次心痛，一道道伤痕，一遍遍泪水，洗不去人生的尘埃，抹杀不了命运中的艰辛。何必跟自己过不去？放平自己的心态，搁浅自己的梦想，学会在艰难的日子里苦中寻乐！

托尔斯泰在他的散文名篇《我的忏悔》中曾经讲了这样一个寓言故事：

一个男人被一只老虎追赶而掉下悬崖，庆幸的是，他在跌落的过程中抓住了一棵生长在悬崖边的小灌木。

此时，他才发现，头顶上，那只老虎正虎视眈眈，低头一看，悬崖底下还有一只老虎，更糟的是，两只老鼠正忙着啃咬系着他生命的小灌木的根须。

绝望中，他突然发现附近生长着一簇野草莓，伸手可及。于是，他拽下野草莓，塞进嘴里，自语道："好甜啊！"

生命进程中，当痛苦、绝望、不幸纷纷向你逼近的时候，你是否也能享受一下野草莓的味道？人生一世，能够快快乐乐开开心心过一生，相信这是每个人心中的一个梦。

然而，尼采却说："人生就是一场苦难。"的确，谁都无法"心想事成，无忧无虑"地过一辈子，唯有"把黄连当哨吹——

苦中作乐",才能战胜忧愁,享受快乐。

戴维是饭店经理,他的心情总是很好。当有人问他近况如何时,他回答:"我快乐无比。"

如果哪位同事心情不好,他就会告诉对方怎么去看事物好的一面。他说:"每天早上,我一醒来就对自己说,戴维,你今天有两种选择,你可以选择心情愉快,也可以选择心情不好,我选择心情愉快。每次有坏事发生,我可以选择成为一个受害者,也可以先去面对各种处境。归根结底,你要自己选择如何面对人生。"

有一天,戴维被三个持枪的歹徒拦住了。歹徒朝他开枪。

幸运的是发现较早,戴维被送进急诊室。经过18个小时的抢救和几个星期的精心治疗,戴维出院了,只是仍有小部分弹片留在他体内。

6个月后,戴维的一位朋友见到他。朋友问他近况如何,他说:"我快乐无比。想不想看看我的伤疤?"朋友看了伤疤,然后问他当时想了些什么。戴维答道:"当我躺在地上时,我对自己说有两个选择:一是死,一是活。我选择活。医护人员都很好,他们告诉我,我不会死的。但在他们把我推进急诊室后,我从他们的眼神中读到了'他是个死人'。我知道我需要采取一些行动。""那么,你采取了什么行动?"朋友问。

戴维说:"有个护士大声问我对什么东西过敏。我马上答道:'有的。'这时所有的医生、护士都停下来等我说下去。我深深吸了一口气,然后大声吼道:'子弹!'在一片大笑声中,我又说道：'请把我当活人来医，而不是死人。'"戴维就这样活下来了。

英国作家萨克雷有句名言："生活是一面镜子，你对它笑，它就对你笑；你对它哭，它也对你哭。"如果你把自己看成弱者、失败者，你将郁郁寡欢；如果你将自己看成强者，你将快乐无比。你可以快乐，只要你希望自己快乐。

古人讲："不知生，焉知死？"不知苦痛，怎能体会到快乐？痛苦就像一枚青青的橄榄，品尝后才知其是否甘甜。品尝橄榄容易，品尝生活中的痛苦，这需要勇气！

再大的风浪我们也要远航

如果你拥有一颗积极向上、勇于攀登的心，就能够在逆境中找到快乐。即使再大的风浪，我们也能扬帆远航。

17世纪法国哲学家卢梭曾经说过："一个真正了解幸福的人，无论什么样的打击都无法使他潦倒。"美国小说家马克·吐温也曾说过："人生在世，必须善处逆境，万不可浪费时间，增添无益的烦恼，最好还是平心静气地去办事，想出补救的办法来。辛勤的蜜蜂，永远没有时间悲哀。"杰出的人，会在逆境中磨砺意志，卧薪尝胆，展现非凡的人生风采。

在现实生活中，假如你没有被逆境吓倒，反而以乐观的态度，把它们想象成理所当然的，那么，你就极有可能把逆境变成顺境的前奏。

要是火柴在你的衣袋里燃起来，那你应当高兴，而且感谢上苍："多亏我的衣袋不是火药库。"

要是你的手指头扎了一根刺，那你应当高兴："挺好，多亏这根刺不是扎在眼睛里！"

要是有穷亲戚上门来找你，你不要脸色发白，而要喜气洋洋地叫道："挺好，幸亏来的不是警察！"

你该高兴，因为你不是劳累的马，不是小小的毛毛虫，不是愚蠢的驴，不是笼子里关的熊，不是人见人厌的臭虫……你要高兴，因为眼下你没有坐在被告席上，更没有看见债主在你面前。

要是你有一颗牙痛起来，那你就该高兴，幸亏不是满口的牙痛起来。

要是你挨了一顿木棍子的打，那就该蹦蹦跳跳，叫道："我多么有运气，人家没有拿带刺的棒子打我！"

以此类推，只要按这种乐观的方法去做，你的生活就会变得欢乐无穷了。

而在困境中，除了乐观之外，我们还须得有征服困难的坚强意志。没有这种意志的人常常浸泡在痛苦中。一道道伤痕，一次次心痛，一遍遍泪水，让他们自怨自怜、悲叹不已，丧失了做人的斗志。

幸福来源于我们自己，不幸是命运强加给我们的。战胜命运，就是我们的幸福，没有战胜命运，就是我们的不幸。许多逆境通常是好的开始。有人在逆境中成长，也有人在逆境中跌倒，这其中的差别，就在于我们如何看待。硬是在地上赖着爬不起来的人，注定只能继续哭泣，而能立刻站起来的人才能成就更好的自己。幸福如同一杯美酒，越陈越醉人，也越容易被人喝干。

霍兰德说："在黑暗的土地上生长着最娇艳的花朵，那些最伟岸挺拔的树总是在最陡峭的岩石中扎根，昂首向天。"人生中，并不是每一次不幸都是灾难，早年的逆境通常是一种幸运。与困难做斗争不仅磨炼了我们的意志，也为日后更为激烈的竞争做了准备。

有的时候，顺境会变成一个陷阱，因为身处顺境的人很容易为眼前的景致所迷惑而失去危机意识，历史上因人生一帆风顺而最后结局悲惨的人举不胜举，在这里，成功反而成为失败之母。在逆境中，有的人自杀，有的人疯狂，也有的人涅槃重生。

　　无论多大的苦难，多大的风浪，也无法磨灭我们的斗志，无法抹杀我们与命运搏斗做出的努力。只有在逆境中我们才能真正了解快乐与幸福是什么！只有在逆境中我们才能真正正视自我！只有在逆境中我们才能真正获得快乐与幸福！一个热爱生活的人，必定善于面对生活中的逆境。或许，对那些经历了许多风雨的人来说，可以深刻体味出其中的滋味——在风浪中起航，更能体会到快乐！

你需要奔跑的最重要理由，就是为了自己的幸福

有些人打牌，总想着等到合适的时候再出好牌，但等到别人都出完手中的牌了，才发现自己的好牌都攥在手里，没派上用场。

一位成功学大师这样评价行动和知识：行动才是力量，知识只是潜在的能量；不积极行动，知识将毫无用处。要克服任何障碍，都离不开行动，也只有行动才能够让梦想照进现实。

从前，有两个朋友，相伴一起去遥远的地方寻找人生的幸福和快乐，一路上风餐露宿，在即将到达目标的时候，遇到了一条风急浪高的大河，而河的彼岸就是幸福和快乐的天堂。关于如何渡过这条河，两个人产生了不同的意见，一个建议采伐附近的树木，造成一条木船渡过河去，另一个则认为无论哪种办法都不可能渡得过这条河，与其自寻烦恼和死路，不如等这条河流干了，再轻轻松松地过去。

于是，建议造船的人每天砍伐树木，辛苦而积极地制造船只，并顺带着学会了游泳，而另一个人则每天躺下休息睡觉，然后到河边观察河水流干了没有。直到有一天，已经造好船的朋友准备扬帆的时候，另一个朋友还在讥笑他的愚蠢。

不过，造船的朋友并不生气，临走前只对他的朋友说了一句话："去做一件事不一定都成功，但不去做则一定没有机会成功！"

请不要假装很努力，因为结果不会陪你演戏

这条大河终究没有干枯掉，而那位造船的朋友经过一番风浪也最终到达了彼岸。

只有行动才会产生结果，行动是成功的保证。任何伟大的目标、伟大的计划，最终必然要落实到行动上。不肯行动的人只是在做白日梦，这种人不是懒汉就是懦夫，他们终将一事无成。

古希腊格言讲得好："要种树，最好的时间是 10 年前，其次是现在。"同样，要成为赢家，最好的时间是 3 年前，其次是现在。

要成为人生牌局的赢家，就应该尽早地迈出自己的第一步。

20 世纪 70 年代的一天，史蒂夫·乔布斯和史蒂芬·沃兹尼亚克卖掉了一辆老掉牙的大众牌汽车，得到了 1500 美元。对于史蒂夫·乔布斯和史蒂芬·沃兹尼亚克这两个正准备开一家公司的人来说，这点钱甚至无法支付办公室的租金，而且他们所要面对的竞争对手是 IBM（国际商业机器公司）——一个财大气粗的巨无霸。租不起办公室，他们就在一个车库里安营扎寨。然而正是在这样一个条件极差的车库里，苹果电脑诞生了，一个电脑业的巨子迈出了第一步。也正是这个从车库诞生的苹果电脑，成功地从 IBM 手里抢走了荣耀和财富。如果当初这两位青年因为怕遇到很多的困难而不采取行动的话，那么恐怕就没有今天的苹果电脑了吧。

而惠普电脑的诞生与苹果电脑的诞生如出一辙。1938 年，两位斯坦福大学的毕业生惠尔特和普克德，在寻找工作的过程中尝尽了求助他人谋生的艰辛，同时他们还看到了许多人因为找不到工作而陷入困境的惨状，于是他们决定摆脱受雇于人的想法，合伙开创自己的事业。两个一无所有的穷光蛋，总共才凑了 538 美元，他们有的只是想法和决心。但是，他们并没有停止或等待，在加州的一间车库里，他们办起了一家公司——惠普公司。经过艰苦创业，惠普公司现在是全球最重要的电子元器件、配套设备供应商之一，总资产达 300 多亿美元。

可能每个人都会有很多的想法，有不少想法甚至可以说是绝妙的。但是假若这些想法不去付诸实践，那它们永远也只是空想而已。不论你自己想得有多美，重要的是去做！没有人会嘲笑一个学步的婴儿，尽管他的步子趔趄、姿势难看，有时还会摔倒。

我们之所以难以将想法付诸实践，是因为当我们每一次准备搏一搏时，总有一些意外事件使我们停止，例如资金不够、经济不景气、新婴儿的诞生、对目前工作的一时留恋等种种限制，以及许许多多数不完的借口，这些都成为我们拖拖拉拉的理由。我们总是想等着一切都十全十美的时候再行动，但事实总会和愿望不太相符，于是我们的计划不会有开始动手的那一天，最终变成了空想。

面对人生的众多机遇，我们看见了，也心动了，但是却没有付诸行动，眼看着机会从自己的身边溜走，到头来只能恨自己没有胆量。

安妮是一个可爱的小姑娘，可她有一个坏习惯，那就是她每做一件事，总爱让计划停留在口头上，而不是马上行动。

和安妮住在同一个村子里的詹姆森先生有一家水果店，里面出售本地产的草莓之类的水果。一天，詹姆森先生对安妮说："你想挣点儿钱吗？"

"当然想。"她回答，"我一直想买一双新鞋，可家里买不起。"

"好的，安妮。"詹姆森先生说，"隔壁卡尔森太太家的牧场里有很多长势很好的黑草莓，他们允许所有人去摘。你摘了以后把它们都卖给我，1升我给你13美分。"

安妮听到可以挣钱，非常高兴。于是她迅速跑回家，拿上一个篮子，准备马上就去摘草莓。但这时她不由自主地想到，要先算一下采5升草莓可以挣多少钱。于是她拿出一支笔和一块小木板计算起来，计算的结果是65美分。

"要是能采12升呢？那我又能赚多少呢？"

"上帝呀！"她得出答案，"我能得到1美元56美分呢！"

安妮接着算下去，要是她采了 50、100、200 升詹姆森先生会给她多少钱。算来算去，已经到了中午吃饭的时间，她只得下午再去采草莓了。

安妮吃过午饭后，急急忙忙地拿起篮子向牧场赶去。而许多男孩子在午饭前就赶到了那儿，他们快把好的草莓都摘光了。可怜的小安妮最终只采到了 1 升草莓。

回家途中，安妮想起了老师常说的话："办事得尽早着手，干完后再去想。因为一个实干者胜过 100 个空想家。"

成功在于计划，更在于行动。目标再大，如果不去落实，也永远只能是空想。所以当你心动的时候，就应当尽快地将它付诸行动，这样才能够更好地把握住机遇。

在一次行动力研习会上，培训师说："现在我请各位一起来做一个游戏，大家必须用心投入，并且采取行动。"他从钱包里掏出一张面值 100 元的人民币，他说："现在有谁愿意拿 50 元来换这张 100 元的人民币？"他说了几次，都没有人行动，最后终于有一个人走向讲台，但他仍然用一种怀疑的眼光看着培训师和那一张人民币，不敢行动。那位培训师提醒说："要配合，要参与，要行动。"那个人才采取行动，换取了那 100 元，那位勇敢的参与者立刻赚了 50 元。最后，培训师说："凡事马上行动，立刻行动，你的人生才会不一样。"

现实生活中，我们往往在心动的时候会考虑到很多因素，会想这能实现吗？会想到诸多的困难阻扰，会想到自己力量的薄弱等。但是为什么不去试试呢？很多时候，我们缺少的是将心动变成行动的胆量。

人生就是这样，再美好的梦想，离开了行动就会变成空想；再完美的计划，离开了行动也会失去意义。我们要实现自己的理想，就应当注重行动，在行动中实现自己的梦想。

古语说得好："千里之行，始于足下。"你可能曾经看过某些人在接近人生旅程的尽头时，回顾一生时说："如果我能有不同的做法……如果我能在机会降临时好好地利用……"这些未能得到满足的生命，只是充塞着数不清的"如果……"他们的生命在真正起步之前就已经结束了。

只有行动才能让计划成为现实，这是千年不变的真理。如果你想改变你的现状，那就赶快行动吧！

你只需努力，剩下的交给时光

据说，世界上只有两种动物能达到金字塔顶：一种是老鹰，还有一种就是蜗牛。

老鹰和蜗牛，它们是如此不同：鹰矫健凶狠，蜗牛弱小迟钝。鹰性情残忍，捕食猎物甚至吃掉同类从不迟疑。蜗牛善良，从不伤害任何生命。鹰有一对飞翔的翅膀，而蜗牛背着一个厚重的壳。

它们从出生就注定了一个在天空翱翔，一个在地上爬行，是完全不同的动物，唯一相同的是它们都能到达金字塔顶。

鹰能到达金字塔顶，归功于它有一双翅膀。也因为这双翅膀，鹰成为最凶猛、生命力最强的动物之一。与鹰不同，蜗牛能到达金字塔顶，主观上是靠它永不停息的执着精神。虽然爬行极其缓慢，但是每天坚持不懈，蜗牛总能登上金字塔顶。

我们中间的大多数人都是蜗牛，只有一小部分拥有优秀的先天条件成为鹰。但是先天的不足，并不能成为自暴自弃的理由。因为，没有人注定命中不幸。要知道，在攀登的过程中，蜗牛的壳和鹰的翅膀起的是同样的作用。可惜，生活中大多数人只羡慕鹰的翅膀，很少在意蜗牛的壳。所以，我们处于社会下层时，无须心情浮躁，更不应该抱怨颓废，而应该静下心来，学习蜗牛，每天进步一点点，总有一天，你也能登上成功的"金字塔"。

高尔基早年生活十分艰难，3岁丧父，母亲早早改嫁。在外祖父家，他遭受了很大的折磨。外祖父是一个贪婪、残暴的老头儿。他把对女婿的仇恨统统发泄到高尔基身上，动不动就责骂毒打他。更可恶的是，他那两个舅舅经常变着法儿侮辱这个幼小的外甥，使高尔基在心灵上过早地领略了人间的丑恶。只有慈爱的外祖母是高尔基唯一的保护人，她真诚地爱着这个可怜的小外孙，每当他遭到毒打时，外祖母总是搂着他一起流泪。

高尔基在《童年》中叙述了他苦难的童年生活。在19岁那年，高尔基突然得到一个消息：他最为慈爱的外祖母，在乞

请不要假装很努力，因为结果不会陪你演戏

讨时跌断了双腿，因无钱医治，伤口长满了蛆虫，最后惨死在荒郊野外。

外祖母是高尔基在人世间唯一的安慰。这位老人劳苦一辈子，受尽了屈辱和不幸，最后竟这样惨死。这个噩耗几乎把高尔基击懵了。他不由得放声痛哭，几天茶饭不进。每当夜晚，他独自坐在教堂的广场上呜咽流泪，为不幸的外祖母祈祷。1887 年 12 月 12 日，高尔基觉得活在人间已没有什么意义。这个悲伤到极点的青年，从市场上买了一把旧手枪，对着自己的胸膛开了一枪。但是，他还是被医生救活了。后来，他终于战胜了各种各样的灾难，成为世界著名的大文豪。

你要明白，没有人注定不幸。你的困难、挫折、失败，其他人同样可能遇到，而其他人遇到的更大的困难、挫折、失败，你却没有遇到，你绝对不比其他人更不幸。不要因为没有鞋子而哭泣，看看那些没有脚的人吧！绝对不要把自己想象成最不幸的，否则，你真的成了最不幸的人。要知道，没有什么困难能够打垮你，唯一能够打垮你的就是你自己，那就是你把自己看作是最不幸的人。

许多人常常把自己看作是最不幸的、最苦的人，实际上还有人比你的苦难还要大，还要苦，大小苦难都是生活所必须经历的。苦难再大也不能丧失生活的信心、勇气。与许多伟大的人物所遭受的苦难相比，我们个人所遇到的困难又算得了什么。名人之所以成为名人，大都是由于他们在人生的道路上能够承受住一般人所无法承受的种种磨难。他们面对事业上的不顺、情场上的失意、身体上的疾病、家庭生活中的困苦与不幸，以及各种心怀恶意的小人的诽谤与陷害，没有沮丧，没有退缩，而是咬紧牙关，擦净那饱受创伤的心所流出的殷红的鲜血和悲愤的泪水，奋力抗争，不懈地拼搏，用自己惊人的毅力和不屈的奋斗精神，为人类的文明和社会的进步做出了卓越的贡献，从而成为闻名世界的伟人。

人生需要的不是抱怨、自怜，而是扎扎实实、艰苦地奋斗。人是为幸福而活着的，为了幸福，苦难是完全可以接受的。

人生的苦难与幸福是分不开的。人类的幸福是人类通过长期不懈的努力而逐步得到的，这其中要经历各种苦难，这正像人们常讲的，幸福是由血汗造就的。切记，拒绝苦难的人，就不可能拥有幸福。

当你竭尽全力，上帝自会主持公道

不论你的出身如何，不论别人是否看得起你，首先你要自己看得起自己。只有相信自己的价值，才能保持奋发向上的劲头。要知道，上帝没有偏见，从不会轻看世人，你所做的一切他都看在眼里。

请不要假装很努力，因为结果不会陪你演戏

人类有一样东西是不能选择的，那就是每个人的出身。在现实生活中，我们常常遇到这样一群人，他们以自己穷困的出身来判定未来的生活道路，他们因自己角色的卑微而用微弱的声音与世界对话，他们总是因暂时的生活窘迫而放弃了儿时的绮丽梦想，他们还因为自己的其貌不扬而低下了充满智慧的头颅。

难道一个人出身卑微注定就会永远卑微下去吗？难道命运不是掌握在自己手中吗？实际上，即便一个人的身份卑微，上帝也不会轻看他，上帝偏爱的不是身份高贵的人，而是努力奋斗的人！所以，如果你出身卑微，那么努力奋斗吧，上帝一定会垂青你！

韩国平民总统卢武铉 1946 年出生于韩国金海市郊的一个小村庄。卢武铉的父母都是农民，靠种植庄稼和桃子为生。他的故乡十分偏远贫穷，连村里人都说"即使乌鸦飞来这里，也会因没有食物而哭着飞回去"。

卢武铉曾经说过："在韩国政坛，如果你没有钱，或者没有势力，很难当上总统候选人，更别提获胜了，然而我，这两样都没有。"有人说，卢武铉的政治经历与美国前总统林肯十分相似，对此，卢武铉也有同感。林肯是美国 200 多年历史上为数不多的贫民总统，他上任伊始就遇到美国南北战争；而韩国的这位平民总统卢武铉，则遇上了朝鲜核危机。

1968 年，卢武铉进入韩国陆军服兵役，34 个月后退役返乡。卢武铉知道自己学识不够，也知道家中没有钱供他读书，于是他

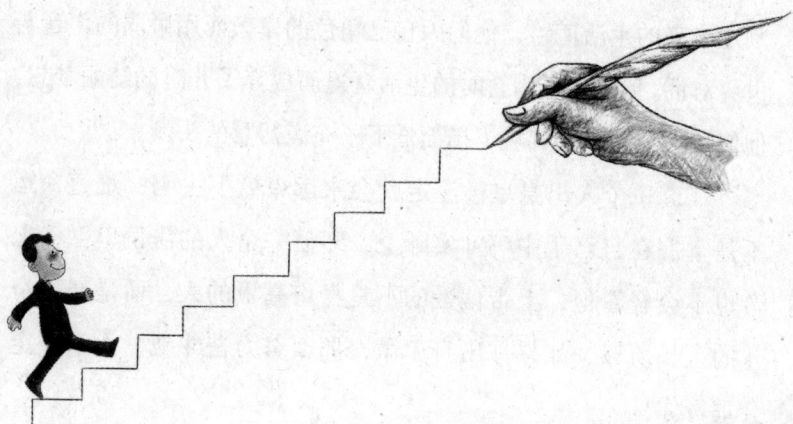

开始自学法律。勤奋刻苦的他于 1975 年 4 月通过韩国第 17 届司法考试，由此开始了自己的律师生涯。

在卢武铉的律师生涯中，他始终为社会的公正而奋斗。1981 年，卢武铉勇敢地站出来，为 12 名被政府指控为"私藏禁书"的大学生辩护。因为此事，卢武铉有了些名气，被一些媒体称为"人权律师"。6 年后，卢武铉又因支持"非法罢工"而遭逮捕，并且被剥夺了 6 个月的律师权。但牢狱之苦激起了卢武铉通过从政实现自己政治抱负的信念。

1988 年，卢武铉步入政坛，当选为国会议员。自 1992 年起，卢武铉 3 次放弃了自己在首尔的优势选区，赴釜山进行议员和市长的竞选，结果接连 3 次饮恨釜山。一批选民被卢武铉的精神感动，自发成立了一个叫"爱卢会"的组织。该组织在民间迅速扩展，以至韩国上下掀起了一股支持卢武铉的热潮，被舆论称为"卢旋风"。凭借这股"卢旋风"，卢武铉顺利当选了议员和市长，之后又登上了总统宝座。

所以，一个人不能选择自己的出身，但可以选择自己的道路。只要踏上正确的人生之路，并能义无反顾地勇往直前，就一定能创建一番辉煌的业绩。

多年前的一个傍晚，一位叫皮埃尔的青年移民站在河边发呆。这天是他30岁生日，但他不知道自己是否还有活下去的必要。

因为皮埃尔从小在福利院里长大，相貌丑陋，身材也非常矮小，讲话又带着浓厚的法国乡下口音，因此他一直很瞧不起自己，认为自己是一个既丑又笨的乡巴佬，连最普通的工作都不敢去应聘，他没有家，也没有工作。

就在皮埃尔徘徊于生死之间的时候，与他一起在福利院长大的好朋友亨利兴冲冲地跑过来对他说："皮埃尔，告诉你一个好消息！"

皮埃尔一脸悲戚地说："好消息从来就不属于我。"

"你听我说，我刚刚听到一则消息，拿破仑曾经丢失了一个孙子。播音员描述的相貌特征，与你丝毫不差！"

"真的吗，我竟然是拿破仑的孙子？"皮埃尔一下子精神大振。想到自己的爷爷曾经以矮小的身材指挥千军万马，用带着科西嘉口音的法语发出威严的军令，他顿时感到自己矮小的身材同样充满力量,讲话时的法国口音也带着几分威严和高贵。

第二天一大早,皮埃尔便满怀自信地来到一家大公司应聘。结果,他竟然被录用了。

10年后,已成为这家大公司总裁的皮埃尔,查证了自己并非拿破仑的孙子,但这早已不重要了。

所以,每一个人都应该相信上帝是公平的,只是有时上帝会和人类开个小小的玩笑,会把那些聪慧的宠儿放在卑微贫困的人群中间,就像我们常把贵重的物品藏在家中最不起眼的地方一样,如此让他们远离金钱和权势,让他们从一出生就在黑暗的穴洞中徘徊,看不到光明,以此来作为对他们的考验。

上帝一定会青睐那些从黑暗中走出来的人——他们有着顽强的生命力、果敢的斗志、不屈的傲骨和出众的天赋。他们必将会在某个领域脱颖而出。请相信命运的公正吧!一个人只要知道自己将要到哪里去,那么全世界都会给他让路。

拒绝平庸,绝不安于现状

李洋曾经在一家合资企业担任首席财务官。在成为首席财务官之前,他工作非常努力,并取得了出色的成绩。老板非常赏识他,第一年就把他提拔为财务部经理,第二年又提拔他为首席财务官。

当上首席财务官以后，拿着高薪，开着公司配备的专车，住着公司购买的豪宅，李洋的生活品质得到了很大的提升。然而，他的工作热情却一落千丈，他把更多的精力放在了享乐上面。

当朋友问他还有什么追求时，他说："我应该满足了，在这家公司里，我已经到达自己能够到达的顶点了。"李洋认为公司的CEO（首席执行官）是董事长的侄子，自己做CEO是不可能的，能够做到首席财务官就到达顶点了。

他在首席财务官的位置上坐了差不多一年的时间，却没有做出值得一提的业绩。朋友善意地提醒他："应该上进一点了，没有业绩是危险的。"

没想到，李洋竟然说："我是公司的功臣，而且这家公司离不了我李洋，老板不会把我怎么样的！"

他甚至在心里对自己说："高薪永远属于我，车子永远属于我，房子永远属于我，没有人可以夺去，因为没有人可以替代我。"

的确，公司很多工作都离不开李洋。然而，他的糟糕表现，还是让老板动了换人的念头。终于，在一个清晨，李洋开着车，和往日一样来到公司，优越感十足地迈着方步踱进办公室里，第一眼看到的却是一份辞退通知书。

他被辞退了，高薪没了，车子不得不还给公司。而且，他还从舒适的房子里搬了出来，不得不去租一间小得可怜、上厕所都不方便的小套间。

李洋以为自己不可替代，事实上，现在这个社会最不缺的就是人才。就在他被辞退的当天，公司又招聘了一位首席财务官。

事实上，在很多企业里，"功臣"都因为安于现状而失败。这些"功臣"们在失败到来时，常常埋怨老板"不念旧情、忘记过去"，却没有想过，自己只是昨天的"功臣"，而不是今天的。

要避免类似于李洋那样的遭遇，有两点是必须记住的。

第一，努力奋斗，不断改变自己的"现状"。

第二，过去的成绩只能属于过去。不管你是如何功勋卓著，在你不能为企业创造更多价值的时候，你就是一文不值的。老板不可能因为你昨天干得好，就把你一直养下去。

只有不断超越平庸，永远不安于现状，你才能在职场上永远处于不败之地。

不安于现状，是优秀经理人的基本素质，也是优秀员工的立身之本。任何企业所需要的，都是不断创新的人。那种必须推着才肯前进的人，肯定会被社会所淘汰。

职业人士要想在职业领域中大显身手、功成名就，就需要坚持不懈地追求卓越！

推销员乔晓做了一年半的业务，看到许多比他后进公司的人都晋升了，而且薪水也比他高许多，他百思不得其解，想想自己来了这么长时间了，客户也没少联系，薪水也还够自己开支，可就是没有大的订单。

有一天，乔晓像往常一样下班就打开电视若无其事地看起来，突然发现有一个频道在播专题采访专家，其主题是："如何使生命增值？"这引起了他的关注。

心理学专家回答记者说："我们无法控制生命的长度，但我们完全可以把握生命的深度！其实每个人都拥有超出自己想象10倍以上的力量。要使生命增值的唯一方法，就是在职业领域中努力地追求卓越！"

乔晓听完这段话后，信心大增，他立即关掉电视，拿出纸和笔，严格地制订了半年内的工作计划，并落实到每一天的工作中……

两个月后，乔晓的业绩明显大增，9个月后，他已为公司赚取了2500万元的利润，年底，他当上了公司的销售总监。

乔晓现已拥有了自己的公司。他每次培训员工时，都不忘记说："我相信你们会一天比一天更优秀，因为你们具有这个能力！"于是员工们信心倍增，公司的利润也飞速递增。

市场是无情的，只有最优秀的企业，才能够在市场上生存下来。老板要让企业优秀起来，就必须挑选最优秀的员工，那些只求合格的人，必然要被淘汰。有很多人，包括职员、公务员，甚至大学教授，都因为"只求合格"而丢了工作。

要成为最优秀的职员，要想从合格迈向卓越，就必须养成事事追求卓越的习惯。一位作家这样说过："无论做什么事情，都应该尽心尽力，一丝不苟，因为究竟什么才是真正的大局，什么才是最重要的，其实我们并不清楚。也许，在我们眼里微不足道的细节，实际上却可能生死攸关。"

有什么样的目标，就有什么样的人生；有什么样的追求，就能达到什么样的人生高度。在公司里，如果员工勤勤恳恳地工作，超越平庸，主动进取，就能取得职场上的成功，就会拥有精彩的人生。

追求卓越、拒绝平庸是职场人士必备的品质之一。不要满足于一般的工作表现，要做就做最好，要成为老板眼中不可缺少的人物。拿破仑曾鼓励士兵："不想当将军的士兵不是好士兵。"无论你从事何种职业，追求卓越都是你迈向成功的法宝。

如果不得不跪在地上，那我们就用双膝奔跑

成长其实就是不断战胜挫折的一个过程。

城里的儿子回农村老家，发现自家玉米地里玉米长得很矮，地已干旱，可周围其他地里的苗儿已长得很高。当儿子买了化肥、挑起粪桶准备浇地时，却被父亲阻止了。父亲说，这叫控苗。玉米才发芽的时候，要旱上一段时间，让它深扎根，以后才能长得旺，才能抵御大风大雨。过了个把月，一个狂风骤雨的日子，儿子果然看到除了自家地里的玉米安然无恙外，别人都在地里扶刮倒了的玉米。

种玉米的故事，似乎亦告诉我们同样的人生道理：年轻时苦一点，受一点挫折，没关系，它只会让人多一点阅历，多长一点见识，并因此而坚强起来，因此而获取成功。

在生活中，挫折是不可避免的。但是，只要我们正确地看待挫折，敢于面对挫折，在挫折面前无所畏惧，克服自身的缺点，在困难面前不低头，那么，顽强的精神力量就可以征服一切。不是吗？曾任美国总统的林肯一生中就遭遇过无数次失败和打击，然而他英勇卓绝，败而不馁，不正是因为这惊人的毅力才使他走上光辉大道吗？

不经历风雨，怎能见彩虹？的确，人生需要挫折。当挫折向你微笑，此刻你就会明白：挫折孕育着成功。

有一位穷困潦倒的年轻人，身上全部的钱加起来也不够买一件像样的西服。但他仍全心全意地坚持着自己心中的梦想——他想做演员，当电影明星。

好莱坞当时共有500家电影公司，他根据自己仔细划定的路线与排列好的名单顺序，带着为自己量身定做的剧本——前去拜访。但第一遍拜访下来，500家电影公司没有一家愿意聘用他。

面对无情的拒绝，他没有灰心，从最后一家电影公司出来之后不久，他就又从第一家开始了他的第二轮拜访与自我推荐。

第二轮拜访也以失败告终。第三轮的拜访结果仍与第二轮相同。

但这位年轻人没有放弃，不久后又咬牙开始了他的第四轮拜访。当拜访到第 350 家电影公司时，这里的老板竟破天荒地答应让他留下剧本先看一看。他欣喜若狂。

几天后，他获得通知，请他前去详细商谈。就在这次商谈中，这家公司决定投资开拍这部电影，并请他担任自己所写剧本中的男主角。

不久这部电影问世了，名叫《洛奇》。这个年轻人就是好莱坞著名演员史泰龙。

请不要假装很努力，因为结果不会陪你演戏

面对 1850 次的拒绝，所需要的勇气是我们难以想象的。但正是这种勇敢，这种不轻言放弃的精神，这种对自己理想的执着追求，让故事中年轻人的梦想得到了实现。在我们实现梦想的路途中，也会不可避免地遭遇到种种挫折，让我们用执着为自己导航，坚定地竖起乘风破浪的风帆，坚信终有一天成功的海岸线会在我们眼前出现。

挫折是一座大山，想看到大海就得爬过它；挫折是一片沙漠，想见到绿洲就得走出它；挫折还是一道海峡，想见到大陆就得游过它。

挫折是可怕的，但却是人生成长不可缺少的基石。

挫折会给人带来伤害，但它还给我们带来了成长的经验。被开水烫过的小孩子是绝不会再将稚嫩的小手伸进开水里的。即使他再顽皮，他也会记得开水带来的伤痛。被刀子割破了手指的小孩子是绝不会再肆无忌惮地拿着刀子玩耍的，因为他知道刀子很危险。孩子们经历了挫折，但他们换来了成长的经验。这不正是我们所说的"坏事变好事"吗？

有位名人说过："勇者视挫折为走向成功的阶梯，弱者视之为绊脚石。"上天之所以要制造这么多的挫折，就是为了让你在挫折中成长。当你战胜种种挫折，蓦然回首时，你就会惊喜地发现，你成熟了。

你必须很努力，才能看起来毫不费力

勤奋能塑造卓越的伟人，也能创造最好的自己。

古人说得好："一勤天下无难事。"爱因斯坦曾经说过："在天才和勤奋之间，我毫不迟疑地选择勤奋，它几乎是世界上一切成就的催化剂。"高尔基还有这么一句话："天才出于勤奋。"卡莱尔更激励我们说："天才就是无止境刻苦勤奋的能力。"

大凡有作为的人，无一不与勤奋有着深厚的缘分。古今中外著名的思想家、科学家、艺术家，他们无不是勤奋耕耘走向成功的典范。

1601 年的一个傍晚，丹麦天文学家第谷·布拉赫卧在床上，生命已经垂危。他的学生，德国天文学家开普勒坐在一张矮凳上，倾听着老师临终的话："我一生以观察星辰为工作，我的目标是1000 颗星，现在我只观察到 750 颗星。我把我的一切底稿都交给你，你把我的观察结果出版出来……你不会让我失望吧？"

开普勒静静地坐着，点了点头，眼泪从脸颊上流下来。

为了不辜负老师的嘱托，开普勒开始勤奋工作。但是他的继承引起了布拉赫亲戚们的妒忌，不久，他们合伙把作为遗产的底稿全部收了回去。无情的挫折没能使开普勒屈服，他日夜牢记着老师的托付"我的目标是 1000 颗星"。开普勒顽强地进行实地观测，每天只睡几个小时，吃住都在望远镜边，开始了枯燥单调

　　请不要假装很努力，因为结果不会陪你演戏

的天文工作。751，752，753……20多年过去了，终于在1627年，开普勒实现了老师的遗愿。

天才出自勤奋，伟大来自平凡的努力，没有人能随随便便成功。没有细致耐心的勤奋工作，也不会有大的成就。

所谓勤，就是要人们善于珍惜时间，勤于学习，勤于思考，勤于探索，勤于实践，勤于总结。看古今中外，凡有建树者，在其历史的每一页上，无不都用辛勤的汗水写着一个闪光的大字——勤。

德国诗人、小说家和戏剧家歌德，前后花了58年的时间，搜集了大量的材料，写出了对世界文学和思想界产生很大影响的诗剧《浮士德》。

马克思写《资本论》，辛勤劳动，艰苦奋斗了40年，阅读了数量惊人的书籍和刊物，其中做过笔记的就有1500种以上。

我国著名的数学家陈景润，在攀登数学高峰的道路上，翻阅了国内外相关的上千本资料，通宵达旦地看书学习，取得了震惊世界的成就。

记得有人说过："天才之所以能成为天才，只不过是因为他们比一般人更专注更勤奋罢了。"的确，没有人能只依靠天分成功。上天只能给人天分，只有勤奋才能将天分变为天才。

曾国藩是中国历史上最有影响力的人物之一，然而他小时候的天赋却不高。有一天在家读书，他把一篇文章反反复复地朗读了不知道多少遍，还是没有背下来。这时他家来了一个贼，潜伏在他的屋檐下，希望等曾国藩睡觉之后捞点好处。

可是等啊等，就是不见他睡觉，一直翻来覆去地读那篇文章。贼人大怒，跳出来说："这种水平还读什么书？！"然后将那文章背诵一遍，扬长而去！

贼人是很聪明，至少比曾先生要聪明，但是他只能成为贼，而曾先生却成为近代史上的风云人物。其中奥妙何在？无非一个"勤"字。"勤能补拙是良训，一分辛苦一分才。"

可见，任何一项成就的取得，都是与勤奋分不开的，古今中外，概莫能外。伟大的成功和辛勤的劳动是成正比的，有一分劳动就有一分收获，日积月累，从少到多，奇迹就可以创造出来。

无论多么美好的东西，人们只有付出相应的劳动和汗水，才能懂得这美好的东西是多么来之不易，因而愈加珍惜它。这样，人们才能从这种"拥有"中享受到快乐和幸福。

如果能试着按下面的方法去做，你就能变得勤奋，你的努力也会更加有效：

（1）要做一些自己喜欢的事情，学会自己做决定。从小事开始，先做一些有把握成功的事情；把激发自己热情的事情记录下来；珍惜生命；鼓励自己，和热情的人在一起。

（2）会休息的人才会工作。充分休息，自我放松，培养愉快的心情。在积极的心态下行动，才能事半功倍。

（3）做一个详细具体的计划，让自己的工作有计划、有规律，然后努力把眼前的事情做好。

（4）只顾忙碌而不注重效率也不行，所以要做好时间管理，让自己的努力更有效率。

（5）绝不拖延，只有这样，才能养成今日事今日毕的好习惯。长此以往，便可拥有可贵的品质——勤奋。

青春的使命不是"竞争"，而是"成长"

人生旅途中，似乎不总是那么一帆风顺，总有一些或多或少的困难与挫折，家家有本难念的经嘛！既然上天给了我们一次锻炼与考验的机会，那我们又何必畏首畏尾，退避三舍呢？与其在那儿蜷缩手脚、闷闷不乐，倒不如在逆境中顽强拼搏，急流勇退。或许我们能改变现状，毕竟是"山重水复疑无路，柳暗花明又一村"。当老天为你关闭这扇窗，必定也为你打开了另一扇窗，只是你缺少睿智的眼睛。

一位父亲很为他的孩子苦恼。因为他的儿子已经十五六岁了，可是一点男子气概都没有。于是，父亲去拜访一位禅师，请他训练自己的孩子。

禅师说："你把孩子留在我这边，3个月以后，我一定可以把他训练成真正的男人。不过，这3个月里，你不可以来看他。"

父亲同意了。

3个月后，父亲来接孩子。禅师安排孩子和一个空手道教练进行一场比赛，以展示这3个月的训练成果。

教练一出手，孩子便应声倒地。他站起来继续迎接挑战，但马上又被打倒，他就又站起来……就这样来来回回一共16次。

禅师问父亲："你觉得你孩子的表现够不够有男子气概？"

父亲说："我简直羞愧死了！想不到我送他来这里受训3个月，看到的结果是他这么不经打，被人一打就倒。"

禅师说："我很遗憾你只看到表面。你有没有看到你儿子那种倒下去立刻又站起来的勇气和毅力呢？这才是真正的男子气概啊！"

不断地倒下，再不断地爬起，正是在这种磕磕碰碰中我们成长了。故事中男子汉的气概并不是表现在我们跌倒的次数比别人少，而是在于，每次跌倒后，我们都有爬起来再次面对困难的勇气和不达目的誓不罢休的毅力。

每个人都在成长，这种成长是一个不断发展的动态过程。也许你在某种场合和时期达到了一种平衡，而平衡是短暂的，可能瞬间即逝，不断被打破。成长是永无止境的，生活中很多东西是难以把握的，但是成长是可以把握的。可能会有人妨碍你的成功，却没人能阻止你的成长。换句话说，这一辈子你可以不成功，但是不能不成长。

抑郁症、躁郁症正威胁着现代人，仍有许多人无法坦然面对。但有谁想得到，曾两度夺得香港电影金像奖最佳导演的尔冬升原来也曾受抑郁症的折磨。不过，他就是从那时开始才学会成长，从而一步步走向成熟，拍出了《旺角黑夜》这样成功的电影。

　　面对激烈的竞争、种种挑战和痛苦，我们唯一能做的就是迅速充实自己，成长起来，只有这样，才不会被困难和挑战击倒。

　　在逆境中学会成长，姑且看成是上天对我们"特别"的关怀，对我们的怜悯与施舍，我们也应做出成绩，做出榜样。在逆境中

提升人格的力量，磨砺性格的力量，增强信念的力量，最后交织融合，升华自己生命的力量。

逆境不但不会把人打倒与压垮，反而能让人的潜能最大限度地迸发出来，创造出乎预料的奇迹。"文王拘而演《周易》；仲尼厄而作《春秋》；屈原放逐，乃赋《离骚》；左丘失明，厥有《国语》；孙子膑脚，《兵法》修列；不韦迁蜀，世传《吕览》；韩非囚秦，《说难》《孤愤》；《诗》三百篇，大抵圣贤发愤之所作也。"张海迪、霍金……他们都是在困难挫折面前，顽强奋发，最终战胜磨难，实现了个人的价值。是啊！不经历风雨，怎能见彩虹？"不经一番寒彻骨，哪得梅花扑鼻香"。逆境在某种程度上能造就我们的成功。

允许自己犯错，学会在逆境中成长，我们的羽翼就会更加丰满，便能飞向天涯海角；我们的心胸就会更加宽广，便能容纳百川；我们的双臂就会更加结实与厚重，便能承载千山万水。

第八章 对自己狠一点，离成功近一点

——不逼自己一把，你根本不知道自己有多优秀

你最大的敌人就是你自己

每个人最大的对手就是自己。如果你能战胜自己，走出布满阴霾的昨天，你也能成为幸福的人，获得自己人生的辉煌。

驯鹿和狼之间存在着一种非常独特的关系，它们在同一个地方出生，又一同奔跑在自然环境极为恶劣的旷野上。大多数时候，它们相安无事地在同一个地方活动，狼不骚扰鹿群，驯鹿也不害怕狼。

在这看似和平安闲的时候，狼会突然向鹿群发动袭击。驯鹿惊愕而迅速地逃窜，同时又聚成一群以确保安全。狼群早已盯准了目标，在这追和逃的游戏里，会有一只狼冷不防地从一旁蹿出，以迅雷不及掩耳之势抓破一只驯鹿的腿。

游戏结束了，没有一只驯鹿牺牲，狼也没有得到一点儿食物。第二天，同样的一幕再次上演，依然从一旁冲出一只狼，依然抓伤那只已经受伤的驯鹿。

每次都是不同的狼从不同的地方蹿出来做猎手，攻击的却只是那一只驯鹿。可怜的驯鹿旧伤未愈又添新伤，逐渐丧失大量的血液和力气，更为严重的是它逐渐丧失了反抗的意志。当它越来越虚弱，已经不会对狼构成威胁时，狼便跳起而攻之，美美地饱餐一顿。

　　其实，原来狼是无法对驯鹿构成威胁的，因为身材高大的驯鹿可以一蹄把身材矮小的狼踢死或踢伤，可为什么到最后驯鹿却成了狼的腹中之餐呢？

　　狼是绝顶聪明的，它们一次次抓伤同一只驯鹿，让那只驯鹿经过一次次的失败打击后，变得信心全无，到最后它完全崩溃了，完全忘了自己还有反抗的能力。最后，当狼群攻击它时，它放弃了抵抗。

　　所以，真正打败驯鹿的是它自己，它的敌人不是凶残的狼，而是自己脆弱的心灵。同样道理，要让自己强大起来，唯一的方法就是挑战自己，战胜自己，超越自己。

咬咬牙，人生没有过不去的坎儿

往往再多一点努力和坚持便会收获意想不到的成功。以前做出的种种努力、付出的艰辛，便不会白费。令人感到遗憾和悲哀的是，面对不断的失败，多数人选择了放弃，没有再给自己一次机会。

乔治的父亲辛曾经是个拳击冠军，如今年老力衰，卧病在床。有一天，父亲的精神状况不错，对乔治说了某次赛事的经过。

在一次拳击冠军对抗赛中，他遇到了一位人高马大的对手。因为他的个子相当矮小，一直无法反击，反而被对方击倒，连牙齿也被打出了血。

休息时，教练鼓励他说："辛，别怕；你一定能挺到第12局！"

听了教练的鼓励，他也说："我不怕，我应付得过去！"

于是，在场上他跌倒了又爬起来，爬起来后又被打倒，虽然一直没有反攻的机会，但他却咬紧牙关坚持到第12局。

第12局眼看要结束了，对方打得手都发颤了，他发现这是最好的反攻时机。于是，他倾尽全力给对手一个反击，只见对手应声倒下，而他则挺过来了，那也是他拳击生涯中的第一枚金牌。

说话间，父亲额上全是汗珠，他紧握着乔治的手，吃力地笑着："不要紧，有一点点痛，我应付得了。"

在人生的海洋中航行，不会永远一帆风顺，难免会遇到狂风暴雨的袭击。在巨浪滔天的困境中，我们更须坚定信念，随时赋予自己生活的动力，告诉自己"我应付得了"。当我们有了这种坚定的信念，困难便会在不知不觉中慢慢远离，生活自然会回到风和日丽的宁静与幸福之中。唯有相信自己能克服一切困难的人，才能激发勇气，迎战人生的各种磨难，最后成就一番大业！记住，只要你有决心克服困难，就一定能走过人生的低谷。

卡耐基在被问及成功秘诀的时候说道："如果说成功只有一个秘诀的话，那应该是坚持。"人生道路上的很多苦难都是如此，只要熬过去了，挺住了，就没什么大不了的。

巴顿将军在第二次世界大战后的聚会上说起这么一段经历：当他从西点军校毕业后，入伍接受军事训练。团长在射击场告诉他：打靶的意义在于，哪怕你打偏了99颗子弹，只要有1颗子弹打中靶心，你就会享受到成功的喜悦。

对实战经验不多的新兵来说，想要枪枪命中靶心是困难的，然而，当巴顿的靶位旁的空子弹壳越来越多时，他已成了富有射击经验的老兵。

战争爆发后，巴顿将军奔波于各个战场，没有安稳感，他一度对生活产生了怀疑，觉得自己像一台战争机器，不知道战争究竟要到何年何月才是尽头。

但这一切仅仅持续了不到7年。这7年里，由于倔强刚烈的个性，巴顿所经历的挫折、失意，曾经那么锋利地一次次伤害过他，令他消沉，后来他才明白：它们只不过是那一大堆空子弹壳。

生活的意义，并不在于你是否在经受挫折和磨炼，也不在于要经受多少挫折和磨炼，而是在于忍耐和坚持不懈。经受挫折和磨炼是射击，瞄准成功的机会也是射击，但是只有经历了 99 颗子弹的铺垫，才有一枪击中靶心的结果。

只要坚持到底，就一定会成功，人生唯一的失败，就是当你选择放弃的时候。因此，当你处于困境的时候，你应该继续坚持下去，只要你所做的是对的，总有一天成功的大门将为你而开。

查德威尔是第一个成功横渡英吉利海峡的女性，她没有满足，决定从卡塔林岛游到加利福尼亚。

旅程十分艰苦，刺骨的海水冻得查德威尔嘴唇发紫。她快坚持不住了，可目的地还不知道有多远，连海岸线都看不到。

越想越累，渐渐地她感到自己的四肢有千斤沉重，自己一点儿劲都使不上了，于是对陪伴她的船上工作人员说："我快不行了，拉我上船吧！"

"还有一海里就到了啊，再坚持一下吧。"

"我不信，那怎么连海岸线都看不到啊！快拉我上去！"看她那么坚持，工作人员就把她拉上去了。

快艇飞快地往前开去，不到一分钟，加利福尼亚海岸线就出现在眼前了，因为大雾，只能在半海里范围内看得见。

查德威尔后悔莫及，居然离横渡成功只有一海里！为什么不听别人的话，再坚持一下呢？

拿破仑曾经说过："达到目标有两个途径——势力与毅力。势力只有少数人拥有，而毅力则属于那些坚韧不拔的人，它的力量会随着时间的发展而至无可抵抗。"所以，无论我们处于什么样的困境，遭遇多大的痛苦，我们都应该激励自己：我离成功只有一海里，只要坚持下去就是胜利！

狠下心，绝不为自己找借口

没有人与生俱来就会表现出能与不能，是你自己决定要以何种态度去对待问题。用一颗积极、绝不轻易放弃的心去面对各种困境，而不要让借口成为你工作中的绊脚石。

世界上最容易办到的事是什么？很简单，就是找借口。狐狸吃不到葡萄，它就找出一个借口：葡萄是酸的。我们都讥笑狐狸的可怜，但我们在生活中又不自觉地为自己找借口。

在我们的日常生活中，常听到这样一些借口：上班晚了，会有"路上堵车""闹钟坏了"的借口；考试不及格，会有"出题太偏""题目太难"的借口；做生意赔了会有借口；工作、学习落后了也有借口……只要用心去找，借口总是有的。

久而久之，就会形成这样一种局面：每个人都努力寻找借口来掩盖自己的过失，推卸自己本应承担的责任。于是，所有的过错，你都能找到借口来承担，借口让你丧失责任心和进取心，这对你的生活和工作都是极其不利的。

做事没有任何借口。条件不具备，创造条件也要上。美国成功学家拿破仑·希尔说过这样一段话："如果你有自己系鞋带的能力，你就有上天摘星的机会！"让我们改变对借口的态度，把寻找借口的时间和精力用到努力工作中来。因为工作中没有借口，失败没有借口，成功也不属于那些找借口的人！

第二次世界大战时期的著名将领蒙哥马利元帅在他的回忆录《我所知道的二战》中说过这样一个故事：

"我要提拔人的时候，常常把所有符合条件的候选人集合到一起，给他们提一个我想要他们解决的问题。我说：'伙计们，我要在仓库后面挖一条战壕，8英尺长，3英尺宽，6英寸深。'说完就宣布解散。我走进仓库，通过窗户观察他们。

"我看到军官们把锹和镐都放到仓库后面的地上，开始议论我为什么要他们挖这么浅的战壕。他们有的说6英寸还不够当火炮掩体。其他人争论说，这样的战壕太热或太冷。还有一些人抱怨他们是军官，这样的体力活应该是普通士兵的事。最后，有个人大声说道：'我们把战壕挖好后离开这里，那个老家伙想用它干什么，随他去吧！'"

最后，蒙哥马利写道："那个家伙得到了提拔，我必须挑选不找任何借口完成任务的人。"

一万个叹息也抵不上一个真正的开始。不怕晚开始，就怕不开始。没有播种，就不会有收获；没有开始，就不会有进步。因此，你千万不要找借口，再困难的事只要你尝试去做，也比推辞不做要强。

不经历风雨，怎能见彩虹

"不经历风雨，怎能见彩虹"，任何一次成功的获得都要经过艰辛的奋斗和痛苦的磨炼。

老鹰是世界上寿命最长的鸟类。它可以活到 70 岁。要活那么长的时间，它在 40 岁时必须做出艰难却重要的决定。

当老鹰活到 40 岁时，它的爪子开始老化，无法有效地抓住猎物。它的喙变得又长又弯，几乎碰到胸膛。它的翅膀变得十分沉重，因为它的羽毛长得又浓又厚，使得飞翔十分吃力。

它只有两种选择：等死或经过一个十分痛苦的更新过程。

老鹰要经过 150 天漫长的历练，很努力地飞到山顶。在悬崖上筑巢。然后停留在那里，不得飞翔。

老鹰首先用它的喙击打岩石，直到喙完全脱落，然后静静地等待新的喙长出来。

它会用新长出的喙把指甲一根一根地拔出来。当新的指甲长出来后，便用它们把羽毛一根一根地拔掉。5 个月以后，新的羽毛长出来了。这个时候，老鹰才能开始飞翔，重新得到30年的光阴！

在我们的生命中，有时候我们也必须做出艰难的决定，然后才能获得重生。我们必须把旧的习惯、旧的传统抛弃，使我们可以重新飞翔。只要我们愿意放下旧的包袱，愿意学习新的技能，我们就能发挥我们的潜能，创造新的未来。

乔·路易斯，世界十大拳王之一，可以说是历史上最为成功的重量级拳击运动员，在长达12年的时间里，他曾经让25名拳手败在自己的拳下。而曾经的他却是同学嘲弄的对象。也难怪，别的18岁的男孩子放学后进行篮球、棒球这些"男子汉"的运动，可乔伊却要去学小提琴！这都是因为巴罗斯太太望子成龙心切。20世纪初，黑人还很受歧视，母亲希望儿子能通过某种特长改变命运，所以从小就送乔伊去学琴。那时候，对一个普通家庭来说，每周50美分的学费是笔不小的开销，但老师说乔伊有天赋，乔伊的妈妈觉得为了孩子的将来，省吃俭用也值得。

但同学们不明白这些，他们给乔伊取外号叫"娘娘腔"。一天乔伊实在忍无可忍，用小提琴狠狠砸向取笑他的家伙。一片混乱中，只听"咔嚓"一声，小提琴裂成了两瓣儿——这可是妈妈节衣缩食给他买的。泪水在乔伊的眼眶里打转，周围的人一哄而散，边跑边叫："娘娘腔，拨琴弦的小姑娘……"只有一个同学既没跑，也没笑，他叫瑟斯顿·麦金尼。

别看瑟斯顿长得比同龄人高大魁梧，一脸凶相，其实他是个

热心肠的好人。虽然还在上学，瑟斯顿已经是底特律"金手套大赛"的冠军了。"你要想办法长出些肌肉来，这样他们才不敢欺负你。"他对沮丧的乔伊说。瑟斯顿不知道，他的这句话不但改变了乔伊的一生，甚至影响了美国一代人的观念。虽然日后瑟斯顿在拳坛没取得什么惊人的成就，但因为这句话，他的名字被载入拳击史册。

当时，瑟斯顿的想法很简单，就是带乔伊去体育馆练拳击。乔伊抱着支离破碎的小提琴跟瑟斯顿来到了体育馆。"我可以先把旧鞋和拳击手套借给你，"瑟斯顿说，"不过，你得先租个衣箱。"租衣箱一周要 50 美分，乔伊口袋里只有妈妈给他这周学琴的 50 美分，不过琴已经坏了，也不可能马上修好，更别说去上课了。乔伊狠狠心租下衣箱，把小提琴放了进去。

开始几天，瑟斯顿只教了乔伊几个简单的动作，让他反复练习。一个礼拜快结束时，瑟斯顿让乔伊到拳击台上来，试着跟他对打。没想到，才第三个回合，乔伊一个简单的直拳就把瑟斯顿击倒了。爬起来后，瑟斯顿的第一句话就是："小子，把你的琴扔了！"

乔伊没有扔掉小提琴，但他发现自己更喜欢拳击，每周 50 美分的小提琴课学费成了拳击课的学费，巴罗斯太太懊恼了一阵后，也只好听之任之。不久，乔伊开始参加比赛，渐渐崭露头角。为了不让妈妈为他担心，乔伊悄悄把名字从"乔伊·巴罗斯"改成了"乔·路易斯"。

5 年以后，23 岁的乔已经成为重量级世界拳王。1938 年，他击败了德国拳手施姆林，当时德国在纳粹统治之下，因此乔的胜利意义更加重大，他成了反法西斯人民心中的英雄。但巴罗斯太太一直不知道，人们说的那个黑人英雄就是自己"不成器"的儿子。

漫漫人生，人在旅途，难免会遇到荆棘和坎坷，但风雨过后，一定会有美丽的彩虹。任何时候都要抱着乐观的心态，任何时候都不要丧失信心和希望。失败不是生活的全部，挫折只是人生的插曲。虽然机遇总是飘忽不定，但朋友，只要你坚持，只要你乐观，你就能永远拥有希望，走向幸福。

从现在起，感谢折磨你的人吧

人不能总停留在原地，而是要努力向前。感谢折磨你的人，你将得到更大的提高。

对于生活中的各种折磨，我们应时时心存感激。只有这样，我们才会常常有一种幸福的感觉，纷繁复杂的世界才会变得鲜活、温馨和动人。一朵美丽的花，如果你不能以一种美好的心情去欣赏它，它在你的心中和眼里也就永远娇艳不起来，而如同你的心情一般灰暗和没有生机。只有心存感激，我们才会把折磨放在背后。珍视他人的爱心，才会享受生活的美好，才会发现世界原本有很多温情。心存感激，是一种人格的升华，是一种美好的人性。只有心存感激，我们才会热爱生活，珍惜生命，以平和的心态去努力地工作与学习，使自己成为一个有益于社会的人。心存感激，我们的生活就会洋溢着更多的欢笑和阳光，世界在我们眼里就会更加美丽动人。从今天开始，感谢折磨你的人吧！正如一首诗写的那样：

当我们拿花送给别人时，

首先闻到花香的是我们自己。

当我们抓起泥巴想抛向别人时，

首先弄脏的是我们自己的手。

一句温暖的话，

就像往别人的身上洒香水，

自己也会沾到两三滴，

因此，要时时心存好意，

脚走好路、身行好事、惜缘种福。

很多的时候，

我们需要给自己的生命留下一点空隙，

就像两车之间的安全距离，

一点缓行的余地，

可以随时调整自己，进退有秩，

请不要假装很努力，因为结果不会陪你演戏

生活的空间，需要清理挪减而留出，
心灵的空间，则经思考领悟而拓展。

打桥牌时要把我们手中所握有的这副牌，
不论好坏，都要把它打到淋漓尽致。
人生亦然，重要的不是发生了什么事，
而是我们处理它的方法和态度，

假如我们转身面向阳光，就不可能陷身在阴影里。
光明使我们看见许多东西，
也使我们看不见许多东西，
假如没有黑夜，
我们便看不到天上闪亮的星辰。

因此，即便是曾经一度使我们难以承受的痛苦磨难，
也不会是完全没有价值，
它可以使我们的意志更坚定，
思想人格更成熟。

因此，当困难与挫折到来，
应平静面对，乐观地处理，
不要在人是我非中彼此摩擦。
有些话语称起来不重，
但稍一不慎，

便会重重地坠到别人心上，

同时，也要训练自己，

不要轻易被别人的话扎伤。

你不能决定生命的长度，但你可以扩展它的宽度；

你不能左右天气，但你可以改变心情；

你不能改变容貌，但你可以展现笑容；

你不能控制他人，但你可以掌握自己；

你不能预知明天，但你可以利用今天；

你不能样样胜利，但你可以事事尽力。

凡事感激，感激伤害你的人，因为他磨炼了你的心志；

感谢欺骗你的人，因为他增进了你的智慧；

感谢中伤你的人，因为他砥砺了你的人格；

感谢鞭打你的人，因为他激发了你的斗志；

感谢遗弃你的人，因为他教导你该独立；

感谢绊倒你的人，因为他强化了你的双腿；

感谢斥责你的人，因为他提醒了你的缺点；

凡事感谢，学会感谢，感谢一切使你成长的人！

战胜自己的人，才配得上天的奖赏

虽然屡遭挫折，却能够百折不挠地挺住，这就是成功的秘诀。所以，你一定要学会坚强。学会坚强，才有了面对一切痛苦和挫折的能力。

村里有一位妇女，因为乳腺癌，不得不去医院做了左乳切除手术。

伤口痊愈后，她下地走路时，奇怪地发现，自己的身体竟不自觉地向右边倾斜起来。她稍一怔后便明白了：也许是自己的乳房比较大且重的缘故，少了一只左乳后，身体也失去了原有的平衡。

让她更为苦恼的是，自己的左胸瘪塌塌的，右边鼓囊囊的，极不对称，以致穿起衣服来很是别扭和难看。

可是她又没钱买义乳。怎么办？她决定自己做一个。她"就地取材"，从家里搬出芝麻、蚕豆、玉米、小麦、绿豆等种子，依次分别往胸罩左边的罩口里装满一种种子，然后再缝合罩口，戴在身上测试一下身体的美观及平衡效果。最后，她选定了绿豆作为胸罩的填充物。

初戴上"绿豆胸罩"的她显得异常兴奋与激动，对于自己的身体，她仿佛又找回了曾经的那份自信与美丽。后来，她无论是下地干活，还是串门赶集，时时刻刻戴着那副"绿豆胸罩"。

一天晚上，她摘下胸罩准备睡觉时，惊讶地发现——胸罩里的那些绿豆竟发芽了！

那一夜，她基本上没合眼，想着怎样解决绿豆在自己的体温下会发芽的问题。第二天，她把那些绿豆炒熟了，然后再放进胸罩里……

可是她发现，问题又来了，她的身上始终有一种熟绿豆的香味挥之不去。只要她一出现在人群里，人家总会耸着鼻子做闻香状，然后好奇地问：谁兜里揣着熟绿豆？好香啊！快点拿出来让大家尝尝……弄得她很是尴尬，又不好讲出实情，但也怪不得人家，人家也是无意的啊。

后来，经过很多次试验，她在缝制"绿豆胸罩"的时候，终于找到了一个折中的良方，就是在炒绿豆的时候，要掌握好它的火候——仅把绿豆炒到七八成熟的样子，这样的绿豆放进胸罩里既不会发芽，也闻不到香味，刚刚好。

费尽思量，才解决了绿豆作为乳房替代物与自己身体兼容的难题，这位爱美的女人终于松了口气。

有一天，一家女性刊物的记者知道这事后，大老远地赶来采访这位村妇。采访临近尾声时，记者提出要给她拍几张照片。她一下子激动得满脸通红，因为在那个偏僻的村庄里，她很少有照相的机会，她习惯性地抻抻衣角、捋捋头发，然后站在一株从石缝里长出的芍药花旁，郑重而优雅地摆出了一个个美丽的姿势。望着镜头里那朵火红的花儿衬托着那张自信而美丽的笑脸，泪水模糊了记者的视线……

后来，这位记者在她的文章中写道：

"我是怀着一种敬仰和感动的心情对她进行采访的，在为她的遭遇感到心酸的同时，又被她乐观而不屈的精神所鼓舞，并深感欣慰。这样一个在贫病交加的境地里挣扎的女人，依然向往美丽，顽强地追求着美丽，她今后的生活一定会好起来的，就像她的那张美丽的照片。因为她的精神不败，我坚信，仅凭这一点，足以让她战胜人生中所有的厄运和苦难！"

人生是一场面对种种困难的"漫长战役"。应该早一些让自己懂得痛苦和困难是人生平常的"待遇"，当挫折到来时，应该面对，而不是逃避，这样，你才能早一些坚强起来，成熟起来。以后的人生便会少一些悲哀气氛，多一些壮丽色彩。记住，只有顽强的人生才美丽，才精彩。

苏联作家奥斯特洛夫斯基在双眼失明的情况下，通过向人口述内容，完成了长篇小说《钢铁是怎样炼成的》。

美国女作家海伦·凯勒自幼失明失聪，在沙利文老师的教导下学会了盲文，长大后成长为一名社会活动家，积极到世界各地演讲，宣传助残，并完成了《假如给我三天光明》等14部著作。

当代著名女作家张海迪，5岁时因为意外事故造成高位截瘫，但仍坚持自学小学到大学的课程，并精通多国语言。

……

霍金是谁？他是一个神话，一个当代最杰出的物理学家，一个科学的巨人……或许，他只是一个坐着轮椅、挑战命运的勇士。

史蒂芬·霍金，出生于 1942 年 1 月 8 日，那一天刚好是伽利略逝世 300 周年纪念日。

从童年时代起，运动从来就不是霍金的长项，几乎所有的球类活动他都不行。

进入牛津大学以后，霍金注意到自己变得更笨拙了，有一两回没有任何原因地跌倒。一次，他不知何故从楼梯上突然跌下来，当即昏迷，差一点儿死去。

直到 1962 年霍金在剑桥读研究生后，他的母亲才注意到儿子的异常状况。刚过完 20 岁生日的霍金在医院里住了两个星期，经过各种各样的检查，他被确诊患上了"卢伽雷氏症"，即运动神经元病。

大夫对他说，他的身体会越来越不听使唤，只有心脏、肺和大脑还能运转，到最后，心和肺也会失效。霍金被"宣判"只剩两年的生命。那是在 1963 年。

霍金的病情渐渐加重。1970 年，在学术上声誉日隆的霍金已无法自己走动，他开始使用轮椅。直到去世，他再也没离开过它。

永远坐进轮椅的霍金，极其顽强地工作和生活着。

一次，霍金坐轮椅回柏林公寓，过马路时被小汽车撞倒，左臂骨折，头被划破，缝了 13 针，但 48 小时后，他又回到办公室投入工作。

虽然身体的残疾日益严重，霍金却力图像普通人一样生活，完成自己所能做的任何事情。他甚至是活泼好动的——这听来有点好笑，在他已经完全无法移动之后，他仍然坚持用唯一可以活动的手指，驱动着轮椅在前往办公室的路上"横冲直撞"；在莫斯科的饭店中，他建议大家来跳舞，他在大厅里转动轮椅的身影真是一大奇景；当他与查尔斯王子会晤时，旋转自己的轮椅来炫耀，结果轧到了查尔斯王子的脚指头。

当然，霍金也尝到过"自由"行动的恶果，这位量子引力的大师级人物，多次在微弱的地球引力作用下，跌下轮椅，幸运的是，每一次他都顽强地重新"站"起来。

1985 年，霍金动了一次穿气管手术，从此完全失去了说话的能力，只能用三根指头和外界交流了。他就是在这样的情况下，极其艰难地写出了著名的《时间简史》，探索了宇宙的起源。

霍金的科普著作《时间简史》在全世界的销量已经高达2500 万册，从 1988 年出版以来一直雄踞畅销书榜，创下了畅销书的一项世界纪录。

霍金的故事告诉人们，是否具有不屈不挠的精神，是取得成就的最关键因素。虽然大家都觉得他非常不幸，但他在科学上的成就却是他在病发后获得的。他凭着坚强不屈的意志，战胜了疾病，创造了一个奇迹，也证明了残疾并非是成功的障碍。

多一分磨砺，多一分强大

　　每个人都有梦想，也曾为之而努力过、奋斗过，但是很多人却因为没有一颗坚强的心和持之以恒的毅力，只能给自己的人生留下深深的遗憾。所以，我们要想成就一番事业，要想实现自己的梦想和追求，就必须努力为自己打造一颗坚强的心。

　　一个失意的年轻人，向哲人请教成功的秘诀。哲人递给他一颗花生说："用力搓它。"年轻人用力一搓，花生的壳碎了，剩下了花生仁。然后哲人叫他再搓搓它，结果红色的花生皮也被搓掉了，只剩下白白的果肉。哲人叫他再用力搓，年轻人迷惑不解，但还是照着做了。

　　可是，无论他如何用力，却怎么也捏不碎这粒花生仁。哲人还是叫他再搓搓它，结果仍然是徒劳无功。

　　最后，哲人语重心长地告诫年轻人："虽然屡受打击和磨难，失去了很多东西，但始终都要有一颗坚强不屈的心，这样才有美梦成真的希望。"

　　对于一个人来说，最有用的财富不是金钱名利，也不是人际资源，而是一颗坚强的心。

　　一个农民，初中只读了两年，家里就没钱继续供他上学了。他辍学回家，帮父亲耕种3亩薄田。在他19岁时，父亲去世了，家庭的重担全部压在了他的肩上。他要照顾身体不好的母亲和瘫痪在床的祖母。

20 世纪 80 年代，农田包产到户。他把一块水洼挖成池塘，想养鱼。但乡里的干部告诉他，水田不能养鱼，只能种庄稼，他只好又把水塘填平。这件事成了一个笑话——在别人的眼里，他是一个想发财但又非常愚蠢的人。

听说养鸡能赚钱，他向亲戚借了 500 元钱，养起了鸡。但是一场洪水过后，鸡得了鸡瘟，几天内全部死光。500 元对别人来说可能不算什么，但对一个只靠 3 亩薄田生活的家庭而言，无异

于天文数字。他的母亲受不了这个刺激，竟然忧郁而死。

他后来酿过酒，捕过鱼，甚至还在石矿的悬崖上帮人打过炮眼……可都没有赚到钱。

35 岁的时候，他还没有娶到媳妇。即使是离异的有孩子的女人也看不上他。因为他只有一间土屋，随时有可能在一场大雨后倒塌。娶不上老婆的男人，在农村是没有人看得起的。

但他还想搏一搏，就四处借钱买了一辆手扶拖拉机。不料，上路不到半个月，这辆拖拉机就载着他冲入一条河里。他断了一条腿，成了瘸子。而那拖拉机，被人捞起来时，已经支离破碎，他只能拆开它，当作废铁卖。

几乎所有人都说他这辈子完了。但是后来他却成了南方一个大城市里的一家大公司的老板，手中有数亿元的资产。

现在，许多人知道了他苦难的过去和富有传奇色彩的创业经历。许多媒体采访过他，许多报告文学描述过他。其中一个访谈令人印象深刻：

记者问他："在苦难的日子里，你凭什么一次又一次毫不退缩？"

他坐在宽大豪华的老板台后面，喝完了手里的一杯水。然后，他把玻璃杯握在手里，反问记者："如果我松手，这只杯子会怎样？"

记者说："杯子摔在地上，肯定要碎了。"

"那我们试试看。"他说。

他手一松，杯子掉到地上发出清脆的声音，但并没有破碎，完好无损。

他说："即使有 10 个人在场，他们都会认为这只杯子必碎无疑。但是，这只杯子不是普通的玻璃杯，而是用玻璃钢制作的。我之所以能战胜苦难，就因为我有一颗坚强的心。"

这样的人，即使只有一口气，他也会努力去拉住成功的手。如果他不能成功，那么还有谁能成功呢？

不管通向成功的道路是阳光灿烂，还是风雨兼程，我们都要始终保持这颗坚强的心，不得有半点的懈怠和屈服。相信吧，阳光总在风雨后，经历了风风雨雨、坎坎坷坷之后，再回味自己来之不易的成功的时候，那一定是人世间最幸福的时刻。

PMA 黄金定律：能飞多高，由自己决定

PMA 黄金定律是"积极心态"的缩写——Positive Mental Attitude。它是成功学大师拿破仑·希尔数十年研究中最重要的发现，他认为造成人与人之间成功与失败的巨大反差，心态起了很大的作用。

积极的心态是人人可以学到的，无论他原来的处境、气质与智力怎样。

拿破仑·希尔还认为，我们每个人都佩戴着隐形护身符，护身符的一面刻着 PMA（积极的心态），一面刻着 NMA（消极的心态 Negative Mental Attitude）。PMA 可以创造成功、快乐，使人到达辉煌的人生顶峰；而 NMA 则使人终生陷在悲观沮丧的谷底，即使爬到巅峰，也会被它拖下来。因为这个世界上没有任何人能够改变你，只有你能改变你自己；没有任何人能够打败你，能打败你的也只有你自己。

　　很多人都认为自己的境况归于外界的因素，认为是环境决定了他们的人生位置。但是，我们的境况不是周围环境造成的。说到底，如何看待人生，由我们自己决定。

　　纳粹集中营的一位幸存者维克托·弗兰克尔说过："在任何特定的环境中，人们还有一种最后自由，就是选择自己的态度。"

　　只要人活在这个世界上，各种问题、矛盾和困难就不可能避免，拥有积极心态的人能以乐观进取的精神去积极应对，而被消极心态支配的人则悲观颓废，他们在逃避问题和困难的同时也逃避了人生的责任。

　　对于 PMA 的阐述，拿破仑·希尔是这样认为的：

　　1. 言行举止像希望成为的人

　　许多人总是要等到自己有了一种积极的感受再去付诸行动，这些人在本末倒置。心态是紧跟行动的，如果一个人从一种消极的心态开始，等待着感觉把自己带向行动，那他就永远成不了他

请不要假装很努力，因为结果不会陪你演戏

想做的积极心态者。

2. 要心怀必胜、积极的想法

谁想收获成功的人生，谁就要当个好"农民"。我们绝不能播下几粒积极乐观的种子，然后指望不劳而获，我们必须不断给这些种子浇水，给幼苗培土施肥。要是疏忽这些，消极心态的野草就会丛生，夺去土壤的养分，甚至让庄稼枯死。

3. 用美好的感觉、信心和目标去影响别人

随着你的行动与心态日渐积极，你就会慢慢获得一种美满人生的感觉，信心日增，人生中的目标感也越来越强烈。紧接着，别人会被你吸引，因为人们总是喜欢和积极乐观者在一起。

4. 使你遇到的每一个人都感到自己很重要、被需要

每一个人都有一种欲望，即感觉到自己的重要性，以及别人对他的需要与感激，这是普通人的自我意识的核心。如果你能满足别人心中的这一欲望，他们就会对自己，也对你抱有积极的态度，一种你好我好大家好的局面就形成了。

5. 心存感激

如果你常流泪，你就看不到星光，对人生、对大自然的一切美好的东西，我们要心存感激，人生就会显得美好许多。

6. 学会称赞别人

在人与人的交往中，适当地赞美对方，会增加和谐、温暖和美好的感情。你存在的价值也就会被肯定，使你得到一种成就感。

7. 学会微笑

面对一个微笑的人，你会感应到他的自信、友好，同时这种自信和友好也会感染你，你的自信和友好也油然而生，使你和对方亲近起来。

8. 到处寻找最佳新观念

有些人认为，只有天才才会有好主意。事实上，要找到好主意，靠的是态度，而不全是能力。一个思想开放、有创造性的人，哪里有好主意，就往哪里去。

9. 放弃鸡毛蒜皮的小事

有积极心态的人不把时间和精力花费在小事上，因为小事使他们偏离主要目标和重要事项。

10. 培养一种奉献的精神

曾任通用面粉公司董事长的哈里·布利斯曾这样忠告手下的推销员："谁尽力帮助其他人活得更愉快、更潇洒，谁就达到了推销术的最高境界。"

11. 自信能做好想做的事

永远也不要消极地认定什么事情是不可能的，首先你要认为你能，再去尝试，不断尝试，最后你就会发现你确实能。

马尔比·D.马布科克说："最常见同时也是代价最高昂的一个错误，是认为成功有赖于某种天才、某种魔力、某些我们不具备的东西。"其实成功的要素掌握在我们自己的手中。成功是运用 PMA 的结果。

一个人能飞多高，由他自己的心态决定。

当然，有了 PMA 并不能保证事事成功，但积极地运用 PMA 可以改善我们的日常生活。在 PMA 的帮助下，我们能够给自己创造一个阳光的心灵空间，引导我们走上成功之路。

拒做呻吟的海鸥，勇做积极的海燕

相信很多读者都对苏联著名作家高尔基所著的《海燕》一文有着深刻的印象：

"在苍茫的大海上，狂风卷集着乌云。在乌云和大海之间，海燕像黑色的闪电，在高傲地飞翔。一会儿翅膀碰着波浪，一会儿箭一般地直冲向乌云，它叫喊着，——就在这鸟儿勇敢的叫喊声里，乌云听出了欢乐。海鸥在暴风雨来临之前呻吟着，——呻吟着，它们在大海上飞窜，想把自己对暴风雨的恐惧，掩藏到大海深处。

"海鸭也在呻吟着，——它们这些海鸭啊，享受不了生活的战斗的欢乐，轰隆隆的雷声就把它们吓坏了。

"愚笨的企鹅，畏缩地把肥胖的身体躲藏在峭崖底下……

"只有那高傲的海燕，勇敢地、自由自在地，在泛起白沫的大海上飞翔……"

而人类也分成海燕、海鸥、企鹅等类型。有人在困境的打击下，像海燕一样无所畏惧，积极地奋起抗争；有的人在困境的打击下，只会独自呻吟，丧失了一切勇气；有的人在困境的打击下，蜷缩在角落里，不敢去面对外面的一切……面对困境，是像海燕一样积极搏击，还是一味地"独自呻吟""蜷缩在角落里"，你的选择决定了你的人生境遇。

在19世纪50年代的美国，有一天，一个10岁的黑人小女孩被母亲派到磨坊里，向种植园主索要50美分。

园主放下自己的工作，看着那黑人小女孩远远地站在那里，便问道："你有什么事儿吗？"黑人小女孩没有移动脚步，怯怯地回答说："我妈妈说想要50美分。"

园主怒气冲冲地说："我绝不会给你的！快滚回家去吧，不然我用锁锁住你。"说完继续做自己的工作。

过了一会儿，他抬头看到黑人小女孩仍然站在那儿不走，便拿起一块桶板向她挥舞道："如果你再不滚开的话，我就用这桶板教训你。好吧，趁现在我还……"话未说完，那黑人小女孩突然像箭一样冲到他前面，毫不畏惧地扬起脸来，用尽全身气力向他大喊："我妈妈需要50美分！"

园主慢慢地将桶板放了下来，手伸向口袋里摸出50美分，给了那个黑人小女孩。她一把抓过钱去，像小鹿一样推门跑了。园主目瞪口呆地站在那儿回顾这奇怪的经历——一个黑人小女孩竟然毫无惧色地面对自己，并且镇住了自己，在这之前，整个种

请不要假装很努力，因为结果不会陪你演戏

植园里的黑人似乎连想都不敢想。

　　小女孩的勇敢让她最终得到了她妈妈需要的 50 美分。如果她也像海鸥一样，面对困难只会呻吟，那么她也会跟其他的黑人那样，不敢忤逆园主，当然更不可能提要钱的事了。所以不管遇到什么困难，我们都要做积极勇敢的海燕，不做呻吟的海鸥。

纵使平凡，也不要平庸

　　平凡与平庸是两种截然不同的生活状态：前者如一颗使用中的螺丝钉，虽不起眼，却真真切切地发挥作用，实现价值；后者就像废弃的钉子，身处机器运转之外，无心也无力参与机器的运作。

　　平凡者纵使渺小，却挖掘着自己生命的全部能量，平庸者却甘居无人发现的角落不肯露头。虽无惊天伟绩但物尽其用、人尽其才，这叫平凡；有能力发挥却自掩才华，自甘埋没，这叫平庸。

　　世间生命多种多样，有天上飞的，有水中游的，有陆上爬的，有山中走的。所有生命，都在时间与空间之流中兜兜转转。生命，总以其多彩多姿的形态展现着各自的意义和价值。

　　"若生命是一朵花，就应自然地开放，散发一缕芬芳于人间；若生命是一棵草，就应自然地生长，不因是一棵草而自卑自叹；

若生命好比一只蝶，何不翩翩飞舞？"芸芸众生，既不是翻江倒海的蛟龙，也不是称霸草原的雄狮，我们在苦海里颠簸，在丛林中避险，平凡得像是海中的一滴水、林中的一片叶。海滩上，这一粒沙与那一粒沙的区别你能否看出？旷野里，这一堆黄土和那一堆黄土的差异你是否能道明？

每个生命都很平凡，但每个生命都不卑微，所以，真正的智者不会让自己的生命陨落在无休无止的自怨自艾中，也不会甘于身心的平庸。

你可见过在悬崖峭壁上卓然屹立的松树？它深深地扎根于岩缝之中，努力舒展着自己的躯干，任凭阳光暴晒，风吹雨打，在残酷的环境中，它始终保持着昂扬的斗志和积极的姿态。或许，它很平凡，只是一棵树而已，但是它并不平庸，它努力地保持着自己生命的傲然姿态。

有这样一则寓言让我们懂得：每个生命都不卑微，都是大千世界中不可或缺的一环，都在自己的位置上发挥着自己的作用。

一只老鼠掉进了一只桶里，怎么也出不来。老鼠吱吱地叫着，它发出了哀鸣，可是谁也听不见。可怜的老鼠心想，这只桶大概就是自己的坟墓了。正在这时，一只大象经过桶边，用鼻子把老鼠救了出来。

"谢谢你，大象。你救了我的命，我希望能报答你。"

大象笑着说："你准备怎么报答我呢？你不过是一只小小的老鼠。"

过了一些日子，大象不幸被猎人捉住了。猎人用绳子把大象捆了起来，准备等天亮后运走。大象伤心地躺在地上，无论怎么挣扎，也无法把绳子扯断。

突然，小老鼠出现了。它开始咬绳子，终于在天亮前咬断了绳子，替大象松了绑。

大象感激地说："谢谢你救了我的命！你真的很强大！"

"不，其实我只是一只小小的老鼠。"小老鼠平静地回答。

每个生命都有自己绽放光彩的刹那，即使一只小小的老鼠，也能够拯救比自己体形大很多的大象。故事中的这只老鼠正是星云大师所说的"有道者"，一个真正有道的人，即使别人看不起他，把他看成是卑贱的人，他也不受影响。他依然会在自我的生命之旅中将智慧的种子撒播到世间各处。

有人说："平凡的人虽然不一定能成就一番惊天动地的大事业，但对他自己而言，能在生命旅程中把自己点燃，即使自己是根小火柴，只要发出微微星火也就足够了；平庸的人也许是一大捆火药，但他没有找到自己的引线，在忙忙碌碌中消沉下去，变成了一堆哑药。"

也许你只是一朵残缺的花，只是一片熬过旱季的叶子，或是一张简单的纸、一块无奇的布，也许你只是时间长河中一个匆匆而逝的过客，不会吸引人们半点目光，但只要你拥有积极的心态，并将自己的长处发挥到极致，就会成为成功驾驭生活的勇士。

把自己"逼"上巅峰

把自己"逼"上巅峰，首先要给自己一片没有后路的悬崖，这样才能发挥出自己最大的能力。力挽狂澜的秘密就在于此。

中国有句成语叫"背水一战"。它的意思是背靠江河作战，没有退路，我们常常用它来比喻决一死战。背水一战，其实就是把自己的后路斩断，以此将自己逼上"巅峰"。这个成语出自《史记·淮阴侯列传》，这个典故对处于困境中的人来说，至今仍有着启示意义。

韩信是汉王刘邦手下的大将，为了打败项羽，夺取天下，他为刘邦定计，先攻取了关中，然后东渡黄河，打败并俘虏了背叛刘邦、听命于项羽的魏王豹，接着韩信开始往东攻打赵王歇。

在攻打赵王时，韩信的部队要通过一道极狭窄的山口，叫井陉口。赵王手下的谋士李左车主张，一面堵住井陉口，一面派兵抄小路切断汉军的辎重粮草，这样韩信小数量的远征部队没有后援，就一定会败走。但大将陈余不听，仗着兵力优势，坚持要与汉军正面作战。韩信了解到这一情况，不免对战况有些担心，但他同时心生一计。他命令部队在离井陉口30里的地方安营，到了半夜，让将士们吃些食物，告诉他们打了胜仗再吃饱饭。随后，他派出两千轻骑从小路隐蔽前进，要他们在赵军离开营地后迅速冲入赵军营地，换上汉军旗帜，又派一万军队故意背靠河水排列阵势来引诱赵军。

天亮后，韩信率军发动进攻，双方展开激战。不一会儿，汉军假意败回水边阵地，赵军全部离开营地，前来追击。这时，韩信命令主力部队出击，背水结阵的士兵因为没有退路，也回身猛扑敌军。赵军无法取胜，正要回营，忽然营中已插满了汉军旗帜，于是四散奔逃。汉军乘胜追击，以少胜多，打了一个大胜仗。

在庆祝胜利的时候，将领们问韩信："兵法上说，列阵可以背靠山，前面可以临水泽，现在您让我们背靠水排阵，还说打败赵军再饱饱地吃一顿，我们当时不相信，然而最后竟然取胜了，这是一种什么策略呢？"

韩信笑着说："这也是兵法上有的，只是你们没有注意到罢了。兵法上不是说'陷之死地而后生，置之亡地而后存'吗？如果是有退路的地方，士兵都逃散了，怎么能让他们拼死一搏呢！"

所以，在生活中，当我们遇到困难与绝境时，我们也应该如兵法中所说那样"置之死地而后生"，要有背水一战的勇气与决心，这样才能发挥自己最大的能力，将自己逼上生命的巅峰。

给自己一片没有退路的悬崖，把自己"逼"上巅峰，从某种意义上说，是给自己一个向生命高地冲锋的机会。如果我们想改变自己的现状，改变自己的命运，那么首先应该改变自己的心态。

只要有背水一战的勇气与决心，我们一定能突破重重障碍，走出绝境。

　　勇敢地向命运挑战吧。一旦你决心背水一战，拼死一搏，你便可以把自己蕴藏的无限潜能充分发挥出来，让自己创造奇迹，做出令人瞩目的成绩，登上命运的巅峰。

第九章　只要敢想，你就行

——你原本可以过上更好的生活

井底之蛙，永远看不到辽阔的大海

故步自封和过度的自我满足让人的世界变得越来越小。而有些人宁可在暂时的安逸中沉湎，也不愿提高自身的能力和竞争力，以适应环境变化。这种做法和文中的两只青蛙所做出的反应，几乎同出一辙。

有一只青蛙生活在井里，那里有充足的水源。它对自己的生活很满意，每天都在欢快地歌唱。

有一天，一只鸟儿飞到这里，便停下来在井边歇歇脚。青蛙主动打招呼说："喂，你好，你从哪里来啊？"

鸟儿回答说："我从很远很远的地方来，还要到很远很远的地方去，所以感觉很劳累。"

青蛙很吃惊地问："天空不就是那么大点儿吗？你怎么说是很遥远呢？"

鸟儿说："你一生都在井里，看到的只是井口大的一片天空，怎么能够知道外面的世界呢？"

青蛙听完这番话后，惊讶地看着鸟儿，一脸茫然。

这是一个我们早已熟知的故事，或许你会感到好笑，但在现实生活中，仍可以见到许许多多的"井底之蛙"陶醉在狭小领域中。这种自以为是的自足自得，只会导致眼光的短浅和心胸的狭隘。信息的落后和自我张狂会让自己和现实离得越来越远。特别是在竞争日趋激烈的今天，故步自封和过度的自我满足只会让你的世界越来越小，并时刻有被淘汰的危险。因此，每个人都应该积极地提升自身的能力，开阔自己的视野，这样才能在汹涌的时代大潮中立于不败之地。

下面，我们再讲一个有关于青蛙的故事。

在 19 世纪末，美国康奈尔大学做过一次有名的青蛙实验。他们把一只青蛙冷不防丢进煮沸的油锅里，在那千钧一发的生死关头，青蛙用尽全力，一下就跃出了那势必使它葬身的滚烫的油锅，安全逃生。

半小时后，他们使用同样的锅，在锅里放满冷水，然后又把那只死里逃生的青蛙放到锅里，接着用炭火慢慢烘烤锅底。青蛙悠然地在水中享受"温暖"，等它感觉到承受不住水的温度必须奋力逃命时，却发现为时已晚，欲跃无力。青蛙最终葬身在热锅里。

在生活中，我们随处可以看到，许多人安于现状，不思进取，在浑浑噩噩中度日，害怕面对不断变化的环境，更不愿增强自己的本领，去发挥自身的优势以适应变化。最终在安逸中消磨了所有的生命能量。

不少人会有这样的体验，虽然每天准时上班，每天按计划完成该做的事，但总觉生活呆板，缺乏活力。似乎该做的事都已经做了，生活中再也找不到还能去做选择和努力的地方。曾经就有这样一位人们一致公认的成功人士，竟爬上楼顶，从上面跳了下去。

问题出在哪里？从表面上看，他是因为反复循着同样的生活方式，没有新鲜的感受，没有新的创意，所以产生了厌倦和疲劳，身心感到耗竭。

再往更深的层次看，也许是目标定得不够高，成功后就再看不到更高的奋斗目标了；也许有着不切实际的预期。这样，无论他的学业、事业多么成功，都无法达到预期的要求；也许是认识不到自己工作的成就和价值；也许是把自己的目标定得太窄，于是生活变得刻板，没有生气。

请不要假装很努力，因为结果不会陪你演戏

美国的本杰明·富兰克林是举世闻名的政治家、外交家、科学家和作家。他的才能令人惊叹：4次当选宾夕法尼亚州的州长；制定出《新闻传播法》；发明了摇椅、避雷针、双焦距眼镜、颗粒肥料；设计了富兰克林式的火炉和夏天穿的白色亚麻服装；最先组织消防厅；首先组织道路清扫部；他是政治漫画的创始人；是出租文库的创始人；是美国最早的警句家；是美国第一流的新闻工作者，也是印刷工人；他创设了近代的邮信制度；想出了广告用插图；创立了议员的近代选举法；他的自传是世界上所有自传中最受欢迎的自传之一，仅在英国和美国就重印了数百版，现在仍被广泛阅读……

诚然，像富兰克林这样敢于尝试，并在各方面都显示出卓越才能的人是少见的。可是，这也足以说明：只要愿意，人无所不能。作为普通人，虽然我们不可能在各方面都有所建树，但如果我们敢于求新求变，试着涉足更广阔的领域，即使不能扬名立万，也会使生活变得更加丰富多彩。长期单调乏味的生活常常会使最有耐性的人也觉得忍无可忍，读到这里，你完全应该相信：你还可以做好很多事情。

人生无处不套牢，思路决定出路

"套牢"是股市上的一个术语，却也形象地表现出了人生中的一种尴尬处境。就像一个禅宗故事中所讲的，一只贪食的鸟儿拼命地往网孔中钻，可任凭它怎样用力，被勒得窒息，也够不着近在咫尺的虫子。同样，当人们拼命往套中钻时，却怎么也得不到自己所渴望得到的。也许，这种削尖脑袋往套中钻的动机和想法本身就是一个圈套，或者说是一堵围困人生的墙吧。

在股市猛地热起来的时候，有个词的使用频率突然增高，这便是——套牢。许多人被股市赚钱的势头诱惑，而奋不顾身地跳了进去，谁知股价非但不涨反而直线下跌，这就是被套牢了。凡是玩股票的人，没有一个喜欢自己被套牢的。可是大凡玩股票的人，很少有人能幸免于此。

说起来，有些套子是自己钻的。股票是自己要买的，婚是自己要结的，国是自己要出的，孩子是自己要生的。假如买不到股票，人是会抱怨的；假如生不出儿子，人是会沮丧的；假如出不了国，人是会恼火的。有个朋友终于拿到了绿卡，却立即愁眉苦脸起来，说是原本穷学生一个，万事没有关系，而现在要以一个美国人的标准来要求自己，车是什么档次的车，房子是什么档次的房子，衣服是什么衣服，工作是什么工作，凡此种种，不一而足，原来绿卡也是个圈套。得到了朝思暮想的东西还要犯愁，甚至更愁，人生真是很无奈。

仔细想想，人又不能没有
一点东西将自己套牢。过于自
由，心里就空落落的，魂不守舍，
食不甘味。人不是被这个套牢，
就是被那个套牢，有种说法是：
凡是活人必然是套中之人。

而人要自己套自己是最无
可救药的。有一个人爱炒股，并
小有进账。然而他总是拨起算盘算
自己理论上应该赚多少，而实际上少赚了多少，这样算来算去
反而更不快乐。友人劝他何苦和自己过不去，留得"生命"在，
还怕没钱赚？他觉得这话是对的，但心里忍不住还是惦记那飞
走的钱。

人生不应该有太多的负荷。现在拥有的，我们应该珍惜；已
经失去的，也没必要再为之哭泣。抬头向前看，会有更美好的
生活在等着你。只要还有一颗乐观向上的心，人生就会一路充
满阳光。

尤利乌斯是一个画家，而且是一个很不错的画家。他画快乐
的世界，因为他自己就是一个快乐的人。不过没人买他的画，因
此他想起来会有点伤感，但只是一会儿。

"玩儿玩儿足球彩票吧！"他的朋友们劝他，"只花 2 马克

便可赢很多钱!"

于是尤利乌斯花 2 马克买了一张彩票,并真的中了!他赚了
50 万马克。

"你瞧!"他的朋友都对他说,"你多走运啊!现在你还经
常画画吗?"

"我现在就只画支票上的数字!"尤利乌斯笑道。

尤利乌斯买了一幢别墅并对它进行了一番装饰。他很有品位,
买了许多好东西:维也纳橱柜、佛罗伦萨小桌、迈森瓷器,还有
古老的威尼斯吊灯。

尤利乌斯很满足地坐下来,点燃一支香烟静静地享受他的幸
福。突然,他感到好孤单,便想去看看朋友。他把烟往地上一扔,
然后就出去了。

燃烧着的香烟躺在地上,躺在华丽的地毯上……一个小时以
后,别墅变成一片火的海洋,完全被火烧没了。

朋友们很快就知道了这个消息,他们都来安慰尤利乌斯。

"尤利乌斯,真是不幸呀!"他们说。

"怎么不幸了?"他问。

"损失呀!尤利乌斯,你现在什么都没有了。"

"什么呀?不过是损失了 2 马克。"

走出囚禁思维的栅栏

有时，我们固有的思维就是囚禁自己的"栅栏"，要还创造力以自由，首先要做的便是突破固有的思维。

世界上没有两片完全相同的树叶，同样，世界上也没有两个完全相同的人。每个人因自身的独特性，会形成其别具一格的思维方式，每个人都可以走出一条与众不同的发展道路来。但保持个性的同时，也应追求突破创新，否则，你将陷入固有的思维之中。

每个人都怀有"自身携带的栅栏"，若能及时地从中走出来，实在是一种可贵的警醒。在学习生活中勇于独立思考，在日常生活中善于注入创意，在职业生活中精于自主创新，这些是能够从"自身携带的栅栏"里走出来的鲜明标志。创造力白囚的"栅栏"的形成，通常有其内在的原因，是由于思维的知觉性障碍、判断力障碍以及常规思维的惯性障碍导致的。知觉是接受信息的通道，知觉的领域狭窄，通道自然受阻，创造力也就无从激发。这条通道要保持通畅，才能使新信息、新知识的获得成为可能，使得信息检索能力得到锻炼，不断增长其敏锐的接收能力、详略适度的筛选能力和信息精化的提炼能力，这些是形成创新心态的重要前提。判断性障碍大多产生于心理偏见和观念偏离。要使判断恢复客观，首先需要矫正心理视觉，使之采取开放的态度，注意事物自身的特性而不囿于固有的见解或观念。这在新事物迅猛出现、新知识快速增加的当今时代，尤其值得重视。

要从自囚的"栅栏"走出来，还创造力以自由，首先就要还思维状态以自由，突破常规思维。在此基础上，对日常生活保持开放的、积极的心态，对创新世界的人与事，持平视的、平等的姿态，对创造活动，持成败皆为收获、过程才最重要的精神状态，这样，我们将有望形成十分有利于创新生涯的心理品质，并且及时克服内在消极因素。

成功的人往往是一些不那么"安分守己"的人，他们绝对不会因取得一些小小的成绩而沾沾自喜，获得一点小成功就停下继续前行的脚步。因此，只有突破旧我，才能获得又一次的蜕变，人生才会呈现更好的局面。

一位雕塑家有一个12岁的儿子。儿子要爸爸给他做几件玩具，雕塑家只是慈祥地笑笑，说："你自己不能动手试试吗？"

为了制好自己的玩具，孩子开始注意父亲的工作，常常站在大台边观看父亲运用各种工具，然后模仿着运用于玩具制作。父亲也从来不向他讲解什么。

一年后，孩子初步掌握了一些制作方法，玩具造得颇像个样子。这样，父亲偶尔会指点一二。但孩子脾气倔，从来不将父亲的话当回事，我行我素，自得其乐。父亲也不生气。

又一年，孩子的技艺显著提高，可以随心所欲地摆弄出各种人和动物形状。孩子常常将自己的"杰作"展示给别人看，引来诸多夸赞。但雕塑家总是淡淡地笑，并不在乎。

有一天，孩子存放在工作室的玩具全部不翼而飞，父亲说："昨夜可能有小偷来过。"孩子没办法，只得重新制作。

半年后，工作室再次被盗。又半年，工作室又失窃了。孩子有些怀疑是父亲在捣鬼：为什么从不见父亲为失窃而吃惊、防范呢？

一天夜晚，儿子夜里没睡着，见工作室的灯亮着，便溜到窗边窥视，只见父亲背着手，在雕塑作品前踱步、观看。好一会儿，父亲仿佛做出某种决定，一转身，拾起斧子，将自己大部分作品打得稀巴烂！接着，父亲将这些碎土块堆到一起，放上水重新混合成泥巴。孩子疑惑地站在窗外。这时，他又看见父亲走到他的那批小玩具前！父亲拿起每件玩具端详片刻，然后，将儿子所有的自制玩具扔到泥堆里搅和起来！当父亲回头的时候，儿子已站在他身后，瞪着愤怒的眼睛。父亲有些羞愧，吞吞吐吐道："我……是……哦……是因为，只有砸烂较差的，我们才能创造更好的。"

10年之后，父亲和儿子的作品多次同获国内外大奖。

父亲不愧是位雕塑家，他不但深谙雕塑艺术品的精髓，更懂得如何雕塑儿子的"灵魂"。每一个渴望成功的人都必须谨记：只有不断突破自我，超越以往，你才能开创出更美好、更辉煌的人生来。

摧毁专家们的旧图画

迷信权威便会失去自我的判断，这样一来，我们便失去了最有用的东西。

生活中有很多权威和偶像，他们会禁锢你的头脑，束缚你的手脚。如果盲目地附和众议，就会丧失独立思考的能力；如果无原则地屈从他人，就会被剥夺自主行动的能力。

任何知识都是相对的，它们既有先进性，也有自己的局限性。有些人虽然知识不多，但初生牛犊不怕虎，思想活跃，敢于奋力拼搏，反而增加了成功的希望。权威人士常因为头脑中有了定型的见解和习惯，甚至是自己苦心研究得到的有效成果，因而紧紧抱住不放，遇到同类事项总是以习惯为标准去衡量，而不愿去思考别人的意见，哪怕是更好、更有效的办法。结果，曾经先进过的东西或习惯有时反而会成为创新的障碍。

将一杯冷水和一杯热水同时放入冰箱的冷冻室里，哪一杯水先结冰？很多人都会毫不犹豫地回答："当然是冷水先结冰了！"非常遗憾，答错了。发现这一错误的是一个非洲中学生姆佩姆巴。

1963年的一天，坦桑尼亚的马干马中学初三学生姆佩姆巴发现，自己放在冰箱冷冻室里的热牛奶比其他同学的冷牛奶先结冰。这令他大惑不解，并立刻跑去请教老师。老师则认为，肯定是姆佩姆巴搞错了。姆佩姆巴只好再做一次试验，结果与上次完全相同。

不久，达累斯萨拉姆大学物理系主任奥斯玻恩博士来到马干马中学。姆佩姆巴向奥斯玻恩博士提出了自己的疑问，后来奥斯玻恩博士把姆佩姆巴的发现列为大学二年级物理课外研究课题。随后，许多新闻媒体把这个非洲中学生发现的物理现象称为"姆佩姆巴效应"。

很多人认为是正确的，并不一定就真的正确。像姆佩姆巴碰到的这个似乎是常识性的问题，我们稍不小心，便会像那位老师一样，做出错误结论。

著名的哲学家威廉·詹姆斯，曾经谈过那些从来没有发现他们自己的人。他说一般人只发掘了 10% 的潜在能力。"他们具有各种各样的能力，却不懂得怎么去利用。"

告诉自己：你是独一无二的，你是最棒的，做最独特、最棒的自己才是我们的选择。

洛威尔说："茫茫尘世、芸芸众生，每个人必然都会有一份适合他的工作。"

在个人成功的经验之中，保持自我的本色及以自身的创造性去赢得一片新天地，是最有意义的。

权威的意见固然有他的缘由所在，然而权威只能作为我们人生的参考，却不能取代我们对自己人生的独立思考。权威可能今天是权威，不代表永远是权威。更何况，权威有很多，你要听信哪个呢？权威不代表真理！如果你多问几句，这是真的吗？如果你改变一下，这次不这样做，结果会是怎样的？如果你说不，又会是怎样？不要害怕自己的决定是错的，因为权威们也不知道真正的事实到底是什么，他们也是以自己的经验做判断。相信自己的决断是正确的，你就实现了自我突破。自我突破，走出自己的一条路，是面对权威做出的正确选择，也是实现自我价值的出路所在。

著名物理学家杨振宁谈到科学家的胆魄时曾说："当你老了，你会变得越来越习惯于舒服……因为一旦有了新想法，马上会想到一大堆永无休止的争论。而当你年轻力壮的时候，却可以到处寻找新的观念，大胆地面对挑战。"为什么有些大人物成名之后辉煌难再？其重要原因之一恐怕就在这里。因此，我们应该不向习惯低头，敢于挑战权威。

你的生命有什么可能

创新并不是什么高深的学问，它确有方法可循，简单的改变往往就能收获到巨大的成功。

一个没有创新能力的人是可悲的人，一个没有创新意识的人是缺少希望的人。一个人若想改变当前的境遇，必须不断创新。只有锐意创新，成功才会降临到你头上。

请不要假装很努力，因为结果不会陪你演戏

日本有一家高脑力公司。公司上层发现员工一个个萎靡不振，面色憔悴。经咨询多方专家后，他们采纳了一个最简单而别致的治疗方法——在公司后院中用圆润光滑的 800 个小石子铺成一条石子小道。每天上午和下午分别抽出 15 分钟时间，让员工脱掉鞋在石子小道上随意行走散步。起初，员工们觉得很好笑，更有许多人觉得在众人面前赤足很难为情，但时间一久，人们便发现了它的好处，原来这是极具医学原理的物理疗法，起到了一种按摩的作用。

一个年轻人看了这则故事，便开始着手他的生意。他请专业人士指点，选取了一种略带弹性的塑胶垫，将其截成长方形，然后带着它回到老家。老家的小河滩上全是光洁漂亮的小石子。在石料厂将这些拣选好的小石子一分为二，一粒粒稀疏有致地粘满胶垫，干透后，他先上去反复试验感觉，反复修改了好几次后，确定了样品，然后就在家乡批量生产。后来，他又把它们分为好几种规格，产品一生产出来，他便尽快将产品鉴定书等手续一应办齐，然后在一周之内就把能代销的商店全部摆上了货。将产品送进商店只完成了销售工作的一半，另一半则是要把这些产品送到顾客手里。随后的半个月内，他每天都派人去做免费推介员。商店的代销稳定后，他又添加了一项上门服务：为大型公司在后院中铺设石子小道；为幼儿园、小学在操场边铺设石子乐园；为家庭装铺室内石子过道、石子浴室地板、石子健身阳台等。一块本不起眼的地方，一经装饰便成了一个小小的乐园。

紧接着，他将单一的石子变换为多种多样的材料，如七彩的塑料、珍贵的玉石，以满足不同人士的需要。

800粒小石子就此铺就了一个人的成功之路。

不要担心自己没有创新能力，慧能和尚说："下下人有上上智。"创新能力与其他能力一样，是可以通过教育、训练而激发出来并在实践中不断得到提高的。它是人类共有的可开发的财富，是取之不尽，用之不竭的"能源"，并非为哪个人、哪个民族、哪个国家所专有。

因此，人人都能创新。

你现在需要做的就是不断激发自己的创新能力，多一些想法，多一些创造。那么成功迟早会来临。

培养创新能力要克服创新障碍，更要懂得方法。该如何培养创新能力呢？下面的4个步骤将给你提供帮助。

1.全面深入地探讨创新环境

创新不是在真空中产生，而是来自艰苦的工作、学习和实践。如果你正为一项工作绞尽脑汁，想在某个具体的问题上有所建树，那么，你需要全身心地投入到这项工作中，对其关键的问题和环节做深入的了解，对这项工作进行批判的思考，通过与他人讨论来搜集各种各样的观点，思考你自己在这个领域的经验。总之，要全面深入地探讨创新环境，为创新准备"土壤"。

2.让脑力资源处于最佳状态

在对创新环境有了全面的认识之后，就可以把你的精力投入到手头的工作上来了。要为你的工作专门腾出一些时间，这样你就能不受干扰，专注于你的工作了。当人们专注于创新这个阶段时，他们一般就完全意识不到发生在他们周围的事，也没有了时间的概念。当你的思维处于这种最理想的状态时，你就会竭尽全力地做好你的工作，挖掘以前尚未开发的脑力资源——一种深入的、"大脑处于最佳工作状态"的创新思路。

让脑力资源处于最佳状态，对于"思想做好准备"是很必要的，我们可以通过以下几种方式来做到让脑力资源处于最佳状态：

（1）调节。当我们进入教堂，我们就会使自己适应这里的气氛，表现出专注和认真，你可以用同样的方式来调节你在学习环境中的注意力，在选择学习环境时，要考虑到它是否有利于你专心。

（2）心理习惯。每个人都具有大量习惯性的行为，有的行为是积极的，有的则是消极的，大多数则居于两者之间。学习需要全身心地集中和投入精力，这意味着你要改掉影响全身心投入的坏习惯，如同时总想做好几件事，或用有限的时间去完成很重要的任务。同时，要使脑力资源处于最佳状态，还包括要养成新的心理习惯：找一个合适的地方，调配足够的时间，以及进行认真的和有创意的思考。这些新的习惯可能需要你付出更大的努力，耗费更多的心血，但是，这些行为很快就会成为你本能的一部分。

（3）冥想。大脑充斥着思想、感情、记忆、计划——所有这一切都在竞争，想引起你的注意。在你整日沉浸于来自方方面面的刺激，需要从身心上做出反应时，这种大脑"吵架"的现象更为严重。为了专注于从事创新，你需要净化和清理你的大脑。做到这一点的一个有效的方法就是做冥想练习。

3. 运用技巧促使新思维产生

创新的思考要求你的大脑放松下来，在不同的事情之间寻找联系，从而产生不同寻常的可能性。为了把自己调整到创新的状态上来，你必须从自己熟悉的思考模式，以及对某事的固定成见中摆脱出来。为了用新的观点看问题，你必须能打破看问题的习惯方式。为了避免习惯的束缚，你可以用以下几种技巧来活跃自己的思维。

（1）群策攻关法。群策攻关法是艾利克斯·奥斯伯恩于1963年提出的一种方法：与他人一起工作从而产生独特的思想，并创造性地解决问题。在一个典型的群策攻关期间，一般是一组人在一起工作，在一个特定的时间内提出尽可能多的思想。提出了思想和观点以后，并不对它们进行判断和评价，因为这样做会抑制思想自由地流动，阻碍人们提出建议。批判的评价可推迟到后一个阶段。应鼓励人们在创造性地思考时，善于借鉴他人的观点，因为创造性的观点往往是多种思想相互作用的结果。你也可以通过运用思想无意识的流动，以及大脑自然的联想力，来迸发出你自己的思想火花。

（2）创造"大脑图"。"大脑图"是一个具有多种用途的工具，它既可用来提出观点，也可用来表示不同观点之间的多种联系。你可以这样来开始自己的"大脑图"：在一张纸的中间写下你主要的专题，然后记录下所有你能够与这个专题有联系的观点，并用连线把它们连起来。让大脑自由地运转，跟随这种建立联系的活动。你应该尽可能快地思考，不要担心次序或结构，让其自然地呈现出结构，要反映出大脑自然地建立联系和组织信息的方式。一旦完成了这个过程，你能够很容易地在新的信息和不断加深理解的基础上，修改其结构或组织。

4. 留出充裕的酝酿时间

把精力专注于你的工作任务之后，创新的下一个阶段就是停止工作，为创新思想留出酝酿时间。虽然你的大脑已经停止了积极的活动，但是仍在继续运转——处理信息，使信息条理化，最终产生创新的思想和办法。这个过程就是大家都知道的"酝酿成熟"的阶段，因为它反映了创新思维的诞生过程。当进行你的工作时，从事创新的大脑仍在运转着，直到豁然开朗的那一刻，酝酿成熟的思想最终会喷薄而出，出现在你大脑意识层的表面上。最常见的情况是这样的，当参加一些与某项工作完全无关的活动时，这个豁然开朗的时刻常常会来临。

创新并不神秘，但它的力量却异常的强大和神奇。为了在现代竞争中占据一席之地，不断地创新是唯一的出路。

换一个角度，换一片天地

很多情况下，制造痛苦的并非事件本身，而是我们自己。

有一位哲人曾经说过："我们的痛苦不是问题的本身带来的，而是我们对这些问题的看法而产生的。"这句话很经典，它引导我们学会解脱，而解脱的最好方式是面对不同的情况，用不同的思路去多角度地分析问题。因为事物都是多面性的，视角不同，所得的结果就不同。

有时候，人只要稍微改变一下思路，人生的前景、工作的效率就会大为改观。

当人们遇到挫折的时候，往往会这样鼓励自己："坚持就是胜利。"有时候，这会让我们陷入一种误区：一意孤行，不撞南墙不回头。因此，当我们的努力迟迟得不到结果的时候，就要学会放弃，要学会改变一下思路。其实细想一下，适时地放弃不也是人生的一种大智慧吗？改变一下方向又有什么难的呢？

一位中国商人在谈到卖豆子时，显示出了一种了不起的激情和智慧。

他说：如果豆子卖得动，直接赚钱好了。如果豆子滞销，分三种办法处理：

第一，将豆子沤成豆瓣，卖豆瓣。

如果豆瓣卖不动，腌了，卖豆豉；如果豆豉还卖不动，加水发酵，改卖酱油。

第二，将豆子做成豆腐，卖豆腐。

如果豆腐不小心做硬了，改卖豆腐干；如果豆腐不小心做稀了，改卖豆腐花；如果实在太稀了，改卖豆浆。如果豆腐卖不动，放几天，改卖臭豆腐；如果还卖不动，让它长毛彻底腐烂后，改卖腐乳。

第三，让豆子发芽，改卖豆芽。

如果豆芽还滞销，再让它长大点儿，改卖豆苗；如果豆苗还卖不动，再让它长大点儿，干脆当盆栽卖，命名为"豆蔻年华"。到城市里的各所大中小学门口摆摊，和到白领公寓区开产品发布会，记住这次卖的是文化而非食品。如果还卖不动，建议拿到适当的闹市区进行一次行为艺术创作，题目是"豆蔻年华的枯萎"，记住，以旁观者身份给各个报社写个报道，如成功，可用豆子的代价迅速成为行为艺术家，并完成另一种意义上的资本回收，同时还可以拿点儿报道稿费。如果行为艺术没人看，报道稿费也拿不到，赶紧找块地，把豆苗种下去，灌溉施肥，3个月后，收成豆子，再拿去卖。

如上所述，循环一次。经过若干次循环，即使没赚到钱，解决豆子的囤积相信不成问题，那时候，想卖豆子就卖豆子，想做豆腐就做豆腐！

换个思路，换个角度，变通一下，总会有新的方向和市场。一条路走到黑只会是头破血流，不妨绕道而行，自己的状况也会取得突破。

对于每个人来说，思维定式使头脑忽略了定式之外的事物和观念。而根据社会学、心理学和脑科学的研究成果来看，思维定式似乎是难以避免的。不过经实验证明，人类通过科学的训练，还是能够从一定程度上削弱思维定式的强度的，那么，这种训练方法是什么呢？答案是：尽可能多地增加头脑中的思维视角，拓展思维的空间。

美国创造学家奥斯本是"头脑风暴法"的发明人。为了促进人们大胆进行创造性想象、提出更多的创造性设想，奥斯本提出著名的思想原则，以激励人们形成"激烈涌现、自由奔放"的创造性风格。

1.自由畅想原则

指思维不受限制，已有的知识、规则、常识等种种限定都要打破，使思维自由驰骋。破除常规，使心灵保持自由的状态，对于创造性想象是至关重要的。

例如，从事机械制造行业的人习惯于用车床切割金属。在车床上直接切割部件的是车刀，它当然要比被切割的金属坚硬。那么，切割世界上已知最硬的东西该怎么办呢？显然无法制出更硬的车刀，于是，善于进行自由畅想的技师发明了电焊切割技术。

2.延迟评判原则

指在创造性设想阶段，避免任何打断创造性构思过程的判断和评价。日本一家企业的管理者在给下属布置任务时指出：只要是有关业务的合理性建议，一律欢迎，不管多么可笑，想说就说出来。但他强调，绝不允许批评别人的建议。虽然开始大家有些拘谨，但后来气氛越来越活跃。结果，征集到了100多条合理性建议，企业的发展因此出现了大幅度的飞跃。

3.数量保障质量原则

指在有限的时间内，提出一定的数量要求，会给设想的人造成心理上的适当压力，往往会减少因为评判、害怕而造成的分心，提出更多的创造性设想。在实践中，奥斯本发现，创造性设想提的越多，有价值的、独特的创造性设想也越多，创造性设想的数量与创造性设想的质量之间是有联系的。数量保障质量原则就是利用了这一规律。

4.综合完善原则

指对于提出的大量不完善的创造性设想，要进行综合和进一步加工完善的工作，以使创造性设想更加完善和能够实施。

奥斯本的四项原则，虽然是用于小组创造活动的，但是，这四项原则保障创造性设想过程能够顺利进行，因此，对于个人进行创造性思维启发是巨大的。

要解决一切困难是一个美丽的梦想，但任何一个困难都是可以解决的。一个问题就是一个矛盾的存在，只要在矛盾之中，尝试着拓展思路去看问题，寻找到一个合适的矛盾介点，就可以迎来一个柳暗花明的新局面。

请不要假装很努力，因为结果不会陪你演戏

别让"约拿情结"毁了你

"约拿情结"的典故出自《圣经》，却高度概括了人的一种状态。人渴望成功又害怕面对成功，内心一直在积极与消极的两端徘徊。其实，这种心理迷茫状态来源于内心深处的恐惧感，而这种深层的恐惧心理，也可能成为人生最严重的致命伤。

约拿是《圣经》中的人物。据说上帝要约拿到尼尼微城去传话，这本是一种崇高的使命和荣誉，也是约拿平素所向往的。但一旦理想成为现实，他又感到一种畏惧，觉得自己不行，想回避即将到来的成功，想推却突然降临的荣誉。这种在成功面前的畏惧心理，心理学家们称之为"约拿情结"。

约拿情结是一种普遍的心理现象。我们想取得成功，但成功以后，又总是伴随着一种心理迷茫。我们既自信，又自卑，我们既对杰出人物感到敬仰，又总是心怀一种敌意。我们敬佩最终取得成功的人，而对成功者，又怀有一种不安、焦虑、慌乱和嫉妒。我们既害怕自己最低的可能性，又害怕自己最高的可能性。

说到底，"约拿情结"是一种内心深层次的恐惧感。这种恐惧感往往会破坏一个人的正常能力。

恐惧使创新精神陷于麻木；恐惧毁灭自信，导致优柔寡断；恐惧使我们动摇，不敢做任何事情；恐惧还使我们怀疑和犹豫。恐惧是能力上的一个大漏洞，而事实上，有许多人把他们一半以上的宝贵精力浪费在毫无益处的恐惧和焦虑上面了。

恐惧虽然阻碍着人们力量的发挥和生活质量的提高，但它并非不可战胜。只要人们能够积极地行动起来，在行动中有意识地纠正自己的恐惧心理，那它就不会再成为我们的威胁。

勇敢的思想和坚定的信念是治疗恐惧的天然药物，勇敢和信念能够中和恐惧，如同在酸溶液里加一点碱，就可以破坏酸的腐蚀性一样。

请不要假装很努力，因为结果不会陪你演戏

对此，我们不妨多加了解一下。

有一位作家对创作抱着极大的信心，期望自己成为大文豪。美梦未成真前，他说："因为心存恐惧，我眼看一天过去了，一星期、一年也过去了，仍然不敢轻易下笔。"

另有一位作家说："我很注意如何使心力有技巧、有效率地发挥。在没有一点灵感时，也要坐在书桌前奋笔疾书，像机器一样不停地动笔。不管写出的句子如何杂乱无章，只要手在动就好了，因为手到能带动心到，从而慢慢地将文思引出来。"

初学游泳的人，站在高高的水池边要往下跳时，都会心生恐惧。如果壮大胆子，勇敢地跳下去，恐惧感就会慢慢消失，反复练习后，恐惧心理就不复存在了。

如果一个人恐惧时总是这样想："等到没有恐惧心理时再来跳水吧，我得先把害怕退缩的心态赶走才可以。"这样做的结果往往是把精神全浪费在消除恐惧感上了。

这样做的人一定会失败，为什么呢？人类心生恐惧是自然现象，只有亲身行动才能将恐惧之心消除。不实际体验，只是坐待恐惧之心离你远去，自然是徒劳无功的事。

在不安、恐惧的心态下仍勇于作为，是克服神经紧张的处方，它能使人在行动之中获得活泼与生气，渐渐忘却恐惧心理。只要不畏缩，有了初步行动，就能带动第二、第三次的出发，如此一来，心理与行动都会渐渐走上正确的轨道。

今天得过且过，将来一生无成

有的人想做大事，却漫无目标，得过且过。这样的人肯定无法超越自我，难有大的突破和进展。实际上，凡是有"得过且过"心态的人，无不是给自己立了一堵墙，并忘我地在围墙之内沉醉。殊不知，这俨然是在耗费生命。

在古希腊，有两个同村的人，为了一比高低，打赌看谁走得离家最远。于是，他们同时却不同道地骑着马出发了。

一个人走了 13 天之后，心想："我还是停下来吧，因为我已经走了很远了。他肯定没有我走得远。"于是，他停了下来，休息了几天，掉转马头返回家乡，重新开始他的农耕生活。

而另外一个人走了 7 年，却没回来，人们都以为这个人为了一场没有必要的打赌而丢了性命。

有一天，一支浩浩荡荡的队伍向村里开来，村里的人不知发生了什么大事。当队伍临近时，村里有人惊喜地叫道："那不是克尔威逊吗？"消失了 7 年的克尔威逊已经成了军中统帅。

他下马后，向村里人致意，然后说："鲁尔呢？我要谢谢他，因为那个打赌让我有了今天。"鲁尔羞愧地说："祝贺你，好伙伴。我至今还是个农夫！"

暂时满足的心态只能使你低人一等。生活中有多少人都是这样成为低人一等者的啊！

一个有生气、有计划、克服消极心态的人，一定会不辞任何劳苦，坚持不懈地向前迈进，他们从来不会想到"将就过"这样的话。有些人常常对他人说："得过且过，过一把瘾吧！""只要不饿肚子就行了！""只要不被撤职就够了！"这种青年无异于承认自己没有生机。他们简直已经脱离了世人的生活，至于"克服消极心态"，那更是想也不要想了。

打起精神来！它虽然未必能够使你立刻有所收获，或得到物质上的安慰，但它能够充实你的生活，使你获得无限的乐趣，这是千真万确的。

无论你做什么事，打不起精神来，就不能克服消极心态。务必使自己每天都有显著的克服消极心态的进步，因为我们每天从事的工作都可以训练和发展我们克服消极心态的能力。一个人如能打定如此坚定的主意，那他的收获一定不会仅够"填饱肚子"的。

那些克服消极心态而成就的大事，绝非仅欲"填饱肚子"以及做事"得过且过"的人所能完成的，只有那些意志坚定、不辞辛苦、十分热心的人才能完成这些事业。

在美国西部，有个天然的大洞穴，它的美丽和壮观出乎人们的想象。但是这个大洞穴一直没被人发现，没有人知道它的存在，因此它的美丽也等于不存在。有一天，一个牧童偶然发现洞穴的入口，从此，新墨西哥州的绿巴洞穴成为世界闻名的胜地。

科学研究表明，我们每个人都有 140 亿个脑细胞，而一个人只利用了肉体和心智能源的极小部分。若与人的潜力相比，我们只处于半醒状态，还有许多未发现的"绿巴洞穴"。正如美国诗人惠特曼诗中所写：

　　我，我要比我想象得更大、更美
　　在我的，在我的体内
　　我竟不知道包含这么多美丽
　　这么多动人之处……

　　人是万物的灵长，是宇宙的精华，我们每个人都拥有光扬生命的本能。为"生命本能"效力的就是人体内的创造机能，它能创造人间的奇迹，也能创造一个最好的你。

　　我们每个人心里都有一幅"心理蓝图"或一幅自画像，有人称它为"自我心像"。自我心像有如电脑程序，直接影响它的运作结果。如果你的心像想的是做最好的自己，那么你就会在你内心的"荧光屏"上看到一个踌躇满志、不断进取的自我。同时，还会经常听到"我做得很好，我以后还会做得更好"之类的信息，这样你注定会成为一个最好的你。美国哲学家爱默生说："人的一生正如他一天中所设想的那样，你怎样想象，怎样期待，就有怎样的人生。"美国赫赫有名的钢铁大王安德鲁·卡内基就是一个能充分发挥自己创造机能的楷模。他12岁时由苏格兰移居美国，最初在一家纺织厂当工人，当时，他的目标是决心做"全工厂最出色的工人"。因为他经常这样想，也是这样做的，最后果真成了全工厂最优秀的工人。后来命运又安排他当邮递员，他想的是怎样做"全美最杰出的邮递员"。结果他的这一目标也实现了。他的一生总是根据自己所处的环境和地位塑造最佳的自己，他的座右铭就是："做一个最好的自己。"